同济大学本科教材出版基金

建筑环境控制学

宋德萱　编著

同济大学 出版社
TONGJI UNIVERSITY PRESS
·上海·

内 容 提 要

　　本书是一本系统介绍和分析建筑环境控制问题的教材。建筑环境控制是现代建筑学十分关注的问题,是学习和研究绿色建筑、建筑可持续性问题的基础,是关于建筑环境技术及其实际应用的综合性学科。近年来,建筑环境控制学领域的知识更新迅速,绿色建筑蓬勃发展,建筑环境控制学正在成为建筑学领域的中心学科之一。本书内容主要包括城市区域环境控制技术、建筑环境控制应用技术、生态观与建筑环境控制理论、绿色建筑与节能技术、建筑风环境控制技术和建筑环境生态修复理论与方法等。本书可供城市规划、建筑学、建筑管理、环境工程等专业学生选读,是建筑环境控制学课程的必修教材。

图书在版编目(CIP)数据

　　建筑环境控制学 / 宋德萱编著. —上海:同济大学出版社,2023.1
　　ISBN 978-7-5765-0503-0

　　Ⅰ. ①建⋯ Ⅱ. ①宋⋯ Ⅲ. ①建筑学–环境控制
Ⅳ. ①TU-023

　　中国版本图书馆 CIP 数据核字(2022)第 233978 号

建筑环境控制学

宋德萱　编著

责任编辑　徐　希
责任校对　徐春莲
封面设计　朱丹天

出版发行　同济大学出版社　　　　www.tongjipress.com.cn
　　　　　(地址:上海市四平路1239号　邮编:200092　电话:021-65985622)
经　　销　全国各地新华书店
排　　版　南京文脉图文设计制作有限公司
印　　刷　常熟市大宏印刷有限公司
开　　本　787 mm×1092 mm　1/16
印　　张　13
字　　数　324 000
版　　次　2023 年 1 月第 1 版
印　　次　2023 年 1 月第 1 次印刷
书　　号　ISBN 978-7-5765-0503-0
定　　价　55.00 元

前　　言

建筑环境控制学作为现代建筑学中建筑科学技术的一个重要领域,是学习绿色建筑、生态建筑知识,研究建筑可持续性问题的基础,是关于建筑环境科学及其实际应用的综合性学科。

中国目前已进入努力推动碳达峰、碳中和目标实现的时期,研究与发展建筑环境控制学是落实国家政策与目标的有力举措。建筑师已经充分认识到,由于全球气候和环境问题以及人居环境需求日益增加的影响,建筑的绿色设计与节能技术提高,建筑师创造的空间不再必须完全依赖设备技术来维持必要的舒适性。在建筑与环境的协调中造成的建筑耗能、环境污染,会带来人的健康问题,造成不可逆的人的生理和心理变化,大大影响生活的舒适性。

在建筑设计中,建筑师充分挖掘提高建筑舒适性的设计方法,紧密结合建筑设计技术,达到以往只能依赖设备技术才能拥有的舒适性,通过设计方法实现建筑环境控制中被动技术的运用,这成为建筑环境控制学的研究基础与出发原点。

建筑环境控制学有别于传统的建筑物理学,建筑环境控制学在充分掌握建筑声学、光学、热工及设备知识的前提下,更注重建筑设计与科学技术的结合,实现科学技术在建筑设计实践中的应用,尤其关注建筑环境与自然、气候紧密结合,及其环境协同、环境控制和环境再生的一体化研究,为推进绿色建筑与节能设计发展作出一定的贡献。

本书主要包括以下内容。

1. 城市区域环境控制技术:研究城市区域环境控制技术,通过模拟及实证分析,进行关于城市区域环境控制与评价研究。

2. 建筑环境控制应用技术:通过对建筑声环境、热环境及舒适控制技术和采光技术的基本回顾与学习,着重在绿色建筑与节能设计相关领域,研究建筑环境控制应用技术。

3. 生态观与建筑环境控制理论:主要通过大量的历史总结与理论学习,运用建筑环境控制的原理和概念,全面掌握相关知识、设计方法与技术。

4. 绿色建筑与节能技术:充分分析节能—绿色的建筑设计原理和基本概念,掌握如何应用建筑设计方法达到绿色与节能建筑,系统研究绿色节能建筑的设计与技术协同结合的有效措施。

5. 建筑风环境控制技术:对于城市与建筑风环境、风的形成要素和诱导通风等风环境控制与设计等领域进行系统研究,探索利用设计方法实现风环境控制的新技术、新方法。

6. 建立建筑环境生态修复理论与方法：建立与地理环境生态修复相关联的建筑环境生态修复，研究人居环境的生态受损与修复机制，恢复并再生人居聚集环境的生态要素，创建可持续发展的人居环境，使其符合人居环境的生态要求，等等。

本书是一本系统介绍和分析建筑环境控制问题的专业书，在 2002 年由东南大学出版社出版发行了第一版。建筑环境控制学领域的知识更新迅速，绿色建筑多年来蓬勃发展，建筑环境控制学作为一门创新学科已经建立，并正在成为建筑学领域的中心学科之一，这也促成了本次的更新再版。

本书的再版，感谢同济大学出版社的大力支持与精心编辑，感谢同济大学本科教材出版基金的资助。本书可供城市规划、建筑设计、建筑管理、环境工程等专业选读，是建筑环境控制学课程的必修教材。

由于编著时间较为仓促，本书仅包括建筑环境控制学的主要内容和知识，在以后的研究和不断深化过程中，还将逐步充实书籍的内容，使其更加全面、完整地反映建筑环境控制学的知识体系。

本书在编著与再版过程中得到了国家自然科学基金面上项目"气候响应的高密度住区环境生态修复设计策略研究"（51778424）、"热景观营造与建筑公共空间节能设计方法"（52078341）的资助，同时非常感谢同济大学建筑与城市规划学院同事们的关心和支持，本书文稿整理、打印、插图等工作得到我的博士研究生王正阳、余翔宇及其他多位研究生的鼎力协助，对他们的辛苦工作和付出，在此谨表深切的谢意。

宋德萱　记
2021 年 6 月
上海同济大学

目　　录

第1章 概 述

建筑在构筑室内外空间的同时,也在创造一个供人居住、生活的环境。无论基于何种生活形态,人居环境都必须以舒适、有效、安全为前提,并坚持可持续发展的技术方向。

现代建筑为了满足社会发展的要求,需要构筑起一个特定的室内人工环境,努力实现人工环境的舒适和稳定,为此花费昂贵。应该利用气候条件的有利因素,调整室外环境对建筑的影响程度,通过相应的技术手段和控制方法达到对气候的尊重,营造符合现代社会要求的更舒适、更健康的空间环境,实现真正人性化的建筑。

1.1 建筑环境控制学基本概念

建筑环境控制学在建筑物理学的基础上,对建筑环境进行全面、系统地研究,以生态、可持续为目的,充分关注与建筑设计领域的结合,做到对环境、气候、心理等要素有序组织和协调,建立相应的基本原理和方法。

有别于建筑环境工程学,建筑环境控制学更重视一般原理的设计实践,关注通过建筑设计来解决相应的环境问题,利用被动控制的方法来调整建筑空间的环境指标,以及节能、循环再生等可持续问题。

建筑环境控制学也有别于传统的建筑物理学,如果说后者作为系统论述建筑声学、光学、热学的一般原理和方法,研究基本定量及计算的学科,那么前者更强调这些基本原理在建筑实践中的应用,尤其关注与自然气候紧密相关的建筑物理现象,以及建筑学领域中与人居舒适更紧密的问题。

建筑环境控制学是一门新兴的学科,系统研究及学习建筑环境控制学的一般原理和设计方法,将使现代建筑学更理性,更科学,更符合自然和人的特点。

建筑环境控制学为建筑师提供了一条解决人居环境问题的新通途,其本身作为一个学科也在不断更新、发展与提高,并已经全面渗透到建筑设计之中。

1.1.1 建筑环境控制的意识导向

建筑设计的思维模式往往在环境条件、人的要求和技术可行性之间跳跃,建筑师在此过程中捕捉关于建筑立意的火花。环境控制学在现代科学发展日益成熟的条件下,将成为建筑师新的立意点和设计灵感的来源,并逐渐发展成富有理性主义的、充分尊重建筑可持续及生态主义的现代建筑设计理论。

1.1.1.1 建立概念

建筑环境控制在设计层面,给学习者传授达到环境要素指标的基本方法,使其在建筑实践过程中比较全面和理性地对待环境设计及相应的技术手段,控制各项环境要素,掌握人在环境营造活动中的主观能力,强化环境控制和建筑设计之间的协作性和协同性。

(1)环境控制与建筑设计的协作性

环境控制不是游离于设计手法之外的"纯技术手段",而是与建筑设计一般原理和方法同步并进的学科,在与建筑设计的协作中挖掘自身的基本原理和方法,这种协作性体现了环境控制的学科特点与特殊性。

(2)环境控制与建筑设计的协同性

环境控制最完美的表现是技术呈现的内容完全融合在建筑设计元素之中,这种协同性体现了环境控制与建筑设计的统一。

1.1.1.2 建立知识库

现代建筑学的外延不断扩大,内涵也在外延基础上深化和发展。建筑学不再止步于"建筑三要素",而更关注社会、人文和现代科技对建筑学的冲击和影响,尤其作为以环境创造为目的的现代建筑学,掌握现代科技的最新成果及在建筑学中的应用,已成为当今建筑师成功的必经之路。

(1)建筑环境控制相关知识的选择性

建筑环境控制学立足于将当今科学成就应用于建筑学,并挖掘自然气候的有利条件,来满足人们对于舒适的需要,其相关知识必须注重可应用及可操作的特点,以实际应用的先进性、经济性等为最大目标,充分关注中国现实情况,以适应广大使用者的一般需要。

(2)建筑环境控制相关知识的综合性

正如建筑物理中为满足一项舒适指标存在多种解决途径一样,建筑环境控制的原理和方法是多个学科、多项技术的综合应用,在研究某一方向的环境控制问题时,需要兼顾由此产生的其他矛盾,或是否存在其他可能途径。因此,其相关知识必须注重知识的量、知识的新和知识的综合性。

(3)建筑环境控制相关知识的低技化趋向

以解决人居最基本舒适条件为目的,其相关知识更关注手法和技术,在掌握一定的定量控制基础上,注重设计方法及由此带来的效益评估,强调人工控制、被动控制,以找到具有可操作的、常规的控制方法来解决建筑环境所面临的问题。

1.1.1.3 建立方法论

作为强调理论在实践中应用的学科,在学习中更重视在掌握相应理论知识的同时,学会解决问题的方法;在不断综合的过程中,利用不同专业知识,并注重其相互的知识渗透和应用交融,来解决建筑学中环境控制命题。这一过程的研究,必须培养自己建立科学的、现代的方法体系,即方法论。

建筑环境控制学最基本的研究从三个部分展开,互相关联,共同构成环境控制学的研究体系。在研究与学习建筑环境控制学的过程中一定要注重本学科三个部分的最基本的原理和概念,尤其要对三个部分进行综合,协调,使其相互交融,形成建筑环境控制学最基础的方法论。

第一部分,建筑环境控制学研究的中心就是对人本体的舒适及相关理论、方法和应用的研究。对此项研究比较系统的科学家有丹麦学者房格尔(Povl Ole Fanger),其对舒适环境与人体的相互关系方面,有比较全面的理论研究和实验,并得出了具有里程碑意义的研究结果。在建筑中的舒适环境研究,在其他发达国家也已展开,如日本的山田雅士在《建筑绝热》一书中对人体的冷热感、亚洲人群的舒适感觉有较系统的研究。中国在此方向的工作,早期一直停留在热工学即空调工程的研究领域,之后逐步开始从建筑学视角关注人与环境舒适度的建立、评价及分析,真正进入系统研究的崭新阶段。

第二部分,建筑环境控制学的研究基础是以环境质量评价为方法,为人居环境的改善作定性及定量的分析,客观反映建筑环境及环境控制的效果。中国对建筑环境的研究长期以来一直停留在初级阶段,主要使用"大致""基本上"等用语评价,无法适应现代科技发展的需要。建筑环境控制学的研究就是为建筑环境控制及改善提出精确的、"好坏分明"的解决方法,并在环境控制过程中进行社会学层面和建筑学本身的评价研究。

第三部分,建筑环境控制学研究的目的是提供环境控制及改善的设计和技术方向,建立一整套全面、完整的应用体系。这套体系通过对建筑设计全过程的全面总结,融入现代科学技术的成就,进而通过设计本身,来解决通常需要设备才能解决的环境问题和舒适问题。这是建筑环境控制学的实质所在,也是研究建筑环境控制学的最终目标。

1.1.2 建筑环境控制的研究现状

建筑环境控制学属于综合学科,是一门复杂的系统科学,近年来在各个学科领域的发展各有侧重,学科的前沿也日趋细化。

早在20世纪下半叶,雷纳·班纳姆(Reyner Banham)就曾在其《环境调控的建筑学》一书中分析了建筑对环境调控的三种方式,指出人类进入机械工业时代之后,环境调控面临的策略性问题,提出"在正确的情况下,一种真正的精密处理人与环境的系统方法未必要依靠复杂的机械化"。进入21世纪后,人们对利用环境工程设备对密闭的室内进行环境调控的高耗能模式进行了深入的反思。基尔·莫(Kiel Moe)在《隔绝的现代主义》中,抨击了在包括北美在内的世界范围内,通过建筑保温隔热系统将室内与周边环境隔绝,并取代传统建构的趋势。伊纳吉·阿巴罗斯(Inaki Ábalos)将基尔·莫称为"21世纪的班纳姆",他在2015年出版的《建筑热力学与美》中将建筑视作一种以材料和建构为基本手段,利用自然要素回应身体感知的开放非平衡系统。

人体直接感知到的舒适度作为建筑环境控制的中心一直是研究的重点内容。舒适的意义也在不断发展,包含了对环境的责任,降低对机械系统的依赖,从而减少对自然的负面影响。近些年来,围绕着乡村居住环境、城市住宅、办公建筑的热舒适性等问题,相关学者进行了一系列研究。西安建筑科技大学刘加平院士团队对中国西部地区民居的热舒适性进行了长期跟踪研究,包括生土民居室内湿度对温度的影响,空间模式对山地民居的热环境影响,围护结构对荒漠区民居热环境影响,以及太阳辐射、火炕采暖、围护结构性能、自然通风、建筑形体等因素对民居内热舒适度的影响。除此之外,也有学者对安徽、湖北、西藏、福建、浙江、江西等地的民居进行实测和分析,研究了各种因素对民居室内热舒适度的影响,提出了可行的改善措施。

城市住宅区也同样是关注的重点。基于对超过 560 个香港受访者关于高层住宅热舒适、空气清洁度、气味和噪声四个方面的调查,香港理工大学的黎鸿杰团队通过层次分析法得出热舒适度在各种影响因素中居于最重要的位置。麦卓明团队提出了构建环境综合满意度的三步法,在对 482 个居住在高层住宅中的受访者调查后,发现热舒适度和空气品质对环境综合满意度影响较大。除此之外,国内有不同学者分别针对南方湿热地区和北方寒冷地区的城市居住区室外环境,利用 GIS 技术、遥感技术、实地测量、深度学习模拟分析以及问卷调查和行为记录等,对城市及居住区室外热环境和声环境的影响因素和改善措施进行了深入系统研究。

随着人们对健康问题的重视与日俱增,办公环境的舒适度也越来越受到重视。以 293 个香港的办公环境为样本,王宁添等人进行了包括热舒适度在内的多方面检测和调查,确定了各方面因素对室内空气质量可接受度的影响程度,指出了室内热舒适度的重要性。也有学者以北京、上海的公共建筑为样本,采用最小二乘法拟合得到总体满意度的预测评价模型。清华大学朱颖心团队研究了室内环境质量中热、声、光对舒适性的影响,得出了 20.8~28.1℃ 为温度满意区间。结合 10 年间获取的大量开放式和私人办公建筑的数据,盖伊·纽沙姆(Guy R. Newsham)等人采用逐步回归分析法,对通风与温度满意度等多个主观角度与其他 18 项物理参数测量,利用模型分析各项参数对工作时舒适度的影响。

关于环境控制及改善的设计及技术方向也呈现出多元化的发展路径。东南大学的韩冬青团队先后提出了以空间形态为核心的公共建筑设计方法,从场地总体形态、空间类型与形态组织、单一空间的气候针对性设计和外围护结构与空间分隔四个方面探讨了公共建筑气候适应性设计策略与方法。哈佛大学的伊纳吉·阿巴罗斯、同济大学的李麟学教授将热力学科学的知识体系引入建筑调控领域,从而在能量运作原理的层面将可持续议题带入了建筑设计,把建筑作为气候与身体之间的热力学桥梁,使建筑形式成为气候环境的转译与反馈,并围绕相关议题进行了一系列设计实践与教学活动。

同工之妙。

在工业革命之后,由于建筑规模、功能需求的复杂程度提高,室内空气调节设备作为一项系统出现,综合了初步的技术概念,实现冷却、除湿两个功能并举。1836 年,瑞德(Reid)博士在英国下议院议事厅所设计的冷房系统是现代空调的雏形。此系统包括了加湿、干燥、冷却、过滤系统。室外空气经过 12.6 m×5.46 m 幕布过滤后,通过一百多万个小洞的地板吹入室内。

1922 年,威利斯·卡里尔利用冷冻机在洛杉矶的格劳曼大都会剧场(Graumann's Metropolitan),完成全球第一座配备全空调的建筑物,威利斯利用冷冻机等设备顺利地控制了建筑室内的冷却、除湿等过程,这具有划时代的意义。20 世纪 40 年代后期之前,使用空调的建筑物并不太多。由于第二次世界大战之后的技术革新,使空调迅速普遍化。钢结构、玻璃幕墙的产生与建筑空调互相依存、互相促进,一种将建筑与室外环境完全隔绝开来的趋势迅速在全球范围内蔓延开来。但在 1973 年第一次石油危机之后,人们开始反省空调的无节制使用所带来的新矛盾,如电力消耗倍增、能耗危机、环境污染等问题。

1.2.2.4 卫生观念的普及

现代意义上的卫生观念始于 18 世纪工业革命时期科学家对城市公共健康领域的研究。当时大量农民进城在工厂谋生,城市人口数量迅速膨胀,工人的生活条件非常恶劣,传染病在街巷间的迅速传播成为公共健康领域的首要威胁。约翰·斯诺(John Snow)的研究揭示了水源污染与霍乱之间在医学上的直接联系,使人们逐渐意识到城市卫生对个人生命健康的重要性。

在此之前,人们的卫生观念受制于认知水平,往往仅与排泄物的清理有关。早在公元前 2100 年,两河流域的宫殿中已出现水冲厕所,有固定式和坐、蹲、站合一多种形式。罗马晚期北方的日耳曼民族已经创造了移动式便器,往往还有装饰型雕刻,以锦缎覆盖。中国古代民间往往将厕所与动物圈舍在一起设立,南方民居也有将厕所架在活水之上的做法,或使用铜质、木质马桶。1596 年,约翰·哈林顿(John Harigton)建立了第一个水栓式抽水马桶。1775 年,钟表匠亚历山大·卡明斯(Alexander Gummings)采用 S 形存水弯以封住臭气,取得专利。在经过多位学者和发明家不断改进,真正的"冲击马桶"最终由戴维斯(P. J. Davies)发明。

工业革命后,在欧洲的城市卫生改革中,人居环境的控制是核心问题。1850 年,德国卫生学教授马克斯·冯·佩滕科弗(Max von Pettenkofer)在对巴伐利亚王宫进行空气检测时,就全面研究了房间的使用、位置和室内外物质流通的关系,"环境生理学"作为一个新兴学科被首次提出。1852 年,英国伦敦建成了世界第一座使用抽水马桶的公厕,1870 年后,抽水马桶在美国也被迅速推广。在当时大量社会改革家和活动家的推动下,欧美的现代公共卫生基础设施逐渐普及,这对改善地区环境品质,提高人类平均寿命具有巨大的推动作用。

第2章 建筑环境

2.1 自然环境

自然环境大致可分为两类:①气候环境,即指寒热、风、雨、雾和雷电等自然现象;②地理环境,是指陆地、海岸等自然位置。在此,我们主要研究气候环境。

气候有诸多要素,如大气温度(气温)、湿度、风雨、气压、日照等,这些要素随地理纬度、高度、位置与海岸的关系不同而发生变化。

2.1.1 气温

气温主要受太阳辐射影响,地表面接受太阳辐射的过程是极其复杂的,包括辐射、反射、吸收、传导等过程(图2-1-1)。

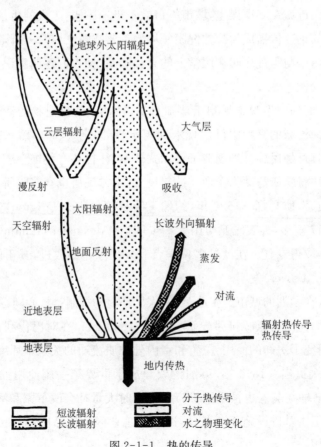

图 2-1-1 热的传导

2.1.4.2 日照变化的基本知识

节能建筑要合理解决冬季和夏季对阳光的不同需要,首先应掌握某一地面的不同日照及太阳的角度。地球在不停自转,并不断围绕太阳公转,所以太阳对地球上每一地点、每一时刻的日照都在有规律地发生变化。

地球绕太阳公转沿黄道面循着椭圆轨道运动,太阳位于椭圆的两个焦点之一上,公转周期约为 365 天,地球近日点和远日点分别出现在 1 月及 7 月。除公转外,地球产生昼夜交替的自转是与黄道面成 23°27′(南北回归线)的倾斜运动,这一倾斜角在地球的自转和公转中始终不变,太阳光线由于地球存在倾斜,其入射到地面的交角发生变化。相对来讲,日照光线与地面接近垂直时,该地区进入盛夏,有较大倾角时,进入冬季,由此使地球产生明显的季节交替。

每年的夏至日,地球自转轴的北端向公转轴倾斜,其交角 23°27′。这天,地球赤道以北地区日照时间最长,照射面积也最大。冬至日,地球赤道以北地区偏离公转轴 23°27′。这天,地球赤道以北地区日照时间最短,照射面积最小。赤道以南地区的季节交替与北半球恰好相反。节能建筑设计的日照计算时常采用夏至日及冬至日两天的典型日照为依据。

按理,夏至和冬至两日是同一地区在全年中最热和最冷日,但经验告诉我们,实际最热和最冷日要延迟一个月左右才出现,这是由于地球过于庞大,要受阳光照射一段时间后地表气温才会发生变化,即时滞现象。

2.1.4.3 太阳的高度角和方位角

地球由于自转而产生昼夜,由于围绕太阳公转而产生四季。为了简化日照计算,假定地球上某观测点与太阳的连线,来将太阳相对地面定位,提出高度角的方位角概念。

太阳高度角是指观测点到太阳的连线与地面之间所形成的夹角,用 h 表示。太阳方位角是指观测到太阳连线的水平投影与正南方向所形成的夹角,用 A 表示,正南取 0°,西向为正值,东向为负值。为确定某日某地某一时刻的高度角的方位角,可通过地球面三角计算,其公式:

$$\sin h = \sin w \sin \delta + \cos w \cos \delta \cos t \tag{2-2}$$

$$\sin A \cos h = \sin t \cos \delta \tag{2-3}$$

式中: h——太阳高度角;

A——太阳方位角;

w——地理纬度;

t——时角,以正午为 0,每小时时角 15°,下午取正值,上午取负值;

δ——赤纬角,冬至为 $-23°27′$,夏至 23°27′,春、秋分为 0°00′。

为了计算方便,我们可以通过表格来查得日照角度,各地在某一时刻的日照角度可以在建筑设计资料集中查到。

2.2 室内环境

与自然环境气候要素相似,室内环境的控制指标主要为温度、湿度、通风、辐射等。由于建筑室内是一个由外围护结构围成的半封闭体,有以下特点。

直接性,是人体接触时间最长的气候范围。

稳定性,若技术措施恰当,有显著的稳定效果。

可控性,室内空间较之自然界是渺小的,其内部空间中的气候状况可以利用现代技术加以控制,以期达到一定效果。

依赖性,室内气候参数无法离开室外自然条件,室外的气候要素对室内环境造成的决定性影响。

室内环境的以上特点引起了建筑师对室内环境的更大关注,确立了众多以研究室内环境气候问题为主的学科方向。并进行了大量的科学实验,提出各项改善室内环境的建筑设计理论和方法。

2.2.1 温度

室内环境温度常用温度计(又称寒暑表)测量,一般采用水银或酒精的玻璃棒状温度计。

2.2.1.1 温度感觉

人由于种族、性别、年龄等差异对相同的温度存在不同的感觉,科学家们针对环境、人的个体差异提出了一系列与感觉有关的温度评价方法(表2-2-1)。

表 2-2-1 环境指标(Environmental Index)

环境指标	考虑之气候要素	创始人
1. 有效温度,实效温度,实感温度 Effective Temperature (ET)	气流,温度,气温	Missenard, 1933
2. 等温感觉 Equivalent Wormth 等温感觉指数 A Scale of Equivalent Wormth	气流,温度,气温,周壁温度	Bedford, 1937
3. 等感温度 Equivalent Temperature 平均辐射温度 Mean Radiant Temperature 英式等感温度 British Equivalent Temperature	气流,气温,平均辐射温度	Dufton, 1929
4. 效果温度 Operative Temperature	气流,气温,周壁辐射温度	Gagge, 1940 John B. Pierce

2.2.1.2 温度分布

室内气温并非处处相同,根据建筑物构造与隔热性的好坏、外界气候条件、冷暖房排布方式等会产生上下、水平方向上的差异。

在讨论室内气候舒适度时,较为重要的是上下温度差。它和水平温度差不同,这种上下温度可同时被身体感知,对体感舒适影响较大。

关于上下温度的分配,一般而言,接近地面的温度较低,靠近天花板的温度较高。对人体舒适度而言,头脚之间的温度差在 3℃ 以下,并在 1～1.5℃ 以内最佳。在天花板较低的房间中安装暖气时,天花板与地板附近的温差最好在 5℃ 以下,如果超出这个界限,就会有头热脚寒的不适感。

一般暖房上下温度变化很复杂,室内对流衰退时,高度与气流温度呈线性关系。同时,暖房的采暖方式中,放射式比对流式温差小。天花板放射式暖房温差最小,使用暖炉时温差最大。

类似这种温度上的变化因壁面的构造不同有所差异。因为不隔热的壁面容易散失热量,其壁面温度较低,所以接触到的空气也会随之变冷。特别是地板温度降低时,地板附近气温随之降低,脚部会感觉冷,以致全身产生不适感。一般地,冬季地板温度至少要在 13℃,最好不低于 15℃。在隔热不佳的房间中,必须提高放热器的温度,特别是采用对流加热的房间,天花板附近的温度较容易升高。房间的壁面如果有隔热设施时,选择合适的换气与空气循环设备,可防止天花板附近滞留高温空气,对减少上下温差有利。

水平方向的温度分布,依照暖房设备的种类、安放位置、房型及有无间隙风而异。用暖炉时,热源附近温度较高,温度水平分布差异大。此外,窗扇等附近区域因受间隙风影响,温度较低。如果窗玻璃隔热性较差,冬季室外气温在 0℃ 以下时,玻璃不仅会使气温降低,也会使室内散失许多辐射热。这意味着,放热器安放在窗户的附近最佳。

2.2.2　湿度

室内湿度由干湿湿度计进行测定,并通过一定换算,可以读取室内环境的湿度。

2.2.2.1　湿度分布

室内湿度分布是随温度变化而变化,与温度有协同性。在一定空间内,虽然会由于某些原因产生水蒸气压力差,但因其具有扩散作用而会逐渐变得均匀。

当室内不存在明显的温度分布时,水蒸气压差虽相同,但仍会产生湿度差,温度较高处湿度低,温度较低处湿度高。

2.2.2.2　温湿协调

作为建筑环境控制学研究的主要对象,调温与调湿是为解决相同问题而采取的不同方法。为了更加科学和节能地调节室内气候环境,以除湿为前提的空气调节不失为一种较为合理的办法。

在研究环境的过程中,湿度与温度永远是一对相对独立并且相互依赖的控制指标。降温又增湿对室内环境的改善作用会相互抵消,这些问题作为环境控制学的基本概念,应建立一定的知识基础。

2.2.3 气流

气流可促进人体产生对流以及蒸发放热，其冷却作用使身体感到舒畅。室内舒适的风速视其与温度、湿度等其他要素之间的关系决定，我们也可由有效温度等方法求得。一般舒适的风速约在 1 m/s 以下，夏季可能大些而冬季则小些。风速为 0.5 m/s 时，人体就会感觉有风。此外，气流在一定限度内有节奏地变化时，会感到空气新鲜。

2.2.4 辐射

室内环境的辐射主要出现在下述场合。

建筑屋面、墙体受太阳照射得热，由此造成屋面、墙体与室内空间的温度差，而引起辐射，这部分辐射对室内气候环境影响甚大。

家用设备产热，如灯具、电视机等使局部物体和空间与室内形成温差而产生辐射，这部分辐射存在于任何室内空间。

人体散热与室内周边环境造成的辐射，一般在研究室内环境时忽略不计。

为了克服由于辐射而造成的对室内环境的不利影响，在建筑设计时，可以采取很多行之有效的方法如下：

遮阳：分水平、垂直、挡板、综合等遮阳方式；

壁体隔热：即通过设置隔热材料，提高壁体的隔热性能；

壁面通风：加强壁面通风散热，以减轻对室内的热压力，等等。

第3章 区域环境控制

3.1 区域热环境控制

　　城市、城镇、住宅小区和工业小区等是具有特殊性质的区域环境,由于人口密度较大、各类建筑物高度集中等人为条件的影响,使得这些区域的大气成分与郊区农村相比发生了明显变化,因而其热量收支平衡关系也与郊区等区域有着明显不同。在此区域环境中,各种人工、自然条件纷繁复杂,要对其进行详细分析计算相当困难。为了便于研究,可以将这些区域在空间高度上,从上到下依次划分为区域边界层和区域覆盖层两部分(图3-1-1)。其中,区域覆盖层对区域环境和人们的生活质量有着极为密切的联系,起着更为重要的作用,故而我们主要针对区域覆盖层进行研究讨论。我们可以把区域覆盖层看作是一个"建筑物—空气"系统,对于其热量收支平衡关系,可用式(3-1)表示。

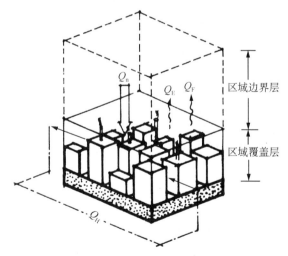

图 3-1-1　区域边界层和区域覆盖层

$$Q_{\mathrm{S}} = Q_{\mathrm{n}} \pm Q_{\mathrm{F}} \pm Q_{\mathrm{H}} \pm Q_{\mathrm{E}} \tag{3-1}$$

式中：Q_{S}——下垫面层贮热量;

　　　　Q_{n}——覆盖层内净辐射得热量;

　　　　Q_{F}——覆盖层内人为热释放量(得热为正,失热为负);

　　　　Q_{H}——覆盖层大气显热交换量(得热为正,失热为负);

　　　　Q_{E}——覆盖层内的潜热交换量(得热为正,失热为负)。

下面我们分别对式中各参量进行讨论和研究。

3.1.1 净辐射得热量——Q_n

净辐射得热量可由式(3-2)中各量确定：

$$Q_n = I_{SH}(1-\rho) + I_B \cdot \alpha - I_g \tag{3-2}$$

式中：I_{SH}——太阳总辐射强度(W/m^2)；

ρ——覆盖层等效表面对太阳辐射的反射系数；

I_B——天空大气长波辐射强度(W/m^2)；

α——覆盖层等效表面对长波辐射吸收系数；

I_g——覆盖层等效表面长波辐射强度(W/m^2)。

下面对该公式中各量予以说明。

1）太阳总辐射强度——I_{SH}

一般说来，太阳辐射总量可由太阳直接辐射量和太阳散射辐射量这两部分组成，而大气透明度又直接影响着太阳直接辐射量和散射辐射量的变化。大气透明度增大，则太阳直接辐射量增加，散射辐射量减小，反之亦然。在诸如城市等区域环境中，由于污染物浓度大，致使大气透明度低于郊区，因而太阳直接辐射量减小；但城市大气中的气溶胶、烟尘粒子较多，又增加了太阳的散射辐射量，可散射辐射量的增加往往不能弥补直接辐射量的损失，所以城市等区域的太阳辐射总量要比郊区小。

以上是区域环境中太阳辐射的一般情况，如果在出现大风天气或雨过天晴的时间段内，城市等区域的太阳辐射与郊区相差不大。

2）对太阳辐射的反射系数——ρ

一般来说，对于到达覆盖层的太阳总辐射一般不能全部被吸收，其中一部分被反射回大气层中，正是描述下垫面层对太阳辐射的反射能力的物理量，可用式(3-3)表示：

$$\rho = I_\rho / I_{SH} \tag{3-3}$$

式中：ρ——覆盖层对太阳辐射的反射系数；

I_ρ——反射辐射强度(W/m^2)；

I_{SH}——到达覆盖层表面的太阳总辐射强度(W/m^2)。

其中，ρ的大小可由下面两个因素决定。

（1）各个不同性质表面的反射率

在同一区域中往往包含有种类繁多、性质各异的下垫面，它们对太阳辐射的反射率相差很大，如城市道路和建筑物因其材料和颜色不同，反射率也不一样（表3-1-1、表3-1-2）。

表 3-1-1 城市覆盖层的辐射性质①

位置	表面	反射率 α	发射率 ε②	位置	表面	反射率 α	发射率 ε
道路	沥青	0.05~0.20	0.95	窗	清洁玻璃	0.10~0.16	0.13~0.28
墙壁	混凝土	0.10~0.35	0.71~0.90		天顶角小于40°	0.08	0.87~0.94
	砖	0.20~0.40	0.9~0.92		天顶角40°~80°	0.09~0.52	0.8~0.92
	木材		0.90		白色、白涂料	0.50~0.90	0.85~0.95
屋顶	柏油和砾石	0.08~0.18	0.92	涂漆	红、棕、绿	0.20~0.35	0.85~0.95
	瓦片	0.10~0.35	0.90		黑	0.02~0.15	0.90~0.95
	石板瓦	0.10	0.90	城市区域范围		0.10~0.27	0.85~0.95
	茅草屋顶	0.15~0.20		平均值		0.15	
	波纹铁	0.10~0.16					

注：① 指中纬度无积雪城市。
　　② 发射率：指自然界中物体发出红外辐射的能力与理想黑体的比值，理想黑体的发射率定为1，所以自然界中物体的发射率为0~1。

表 3-1-2 郊区覆盖层的辐射性质

表面	特征	反射率 α	发射率 ε
土壤	黑、湿	0.05~0.40	0.90~0.98
沙漠	淡、干	0.20~0.45	0.80~0.91
草	长(1.0 m)	0.16~0.26	0.90~0.95
农作物	短(0.02 m)		
苔原		0.18~0.25	0.90~0.99
果园		0.15~0.20	
森林 落叶树	落叶后	0.15	0.97
	落叶前	0.20	0.98
针叶树		0.05~0.15	0.97~0.99
水	天顶角小时	0.03~0.10	0.92~0.97
	天顶角大时	0.00~0.10	0.92~0.97
雪	陈雪	0.40	0.82
	新雪	0.95	0.99
冰	海冰	0.30~0.45	0.92~0.97
	冰川	0.20~0.40	

研究人员曾利用飞行器来研究城市和郊区的地面反射情况，发现城市和郊区的反射率有明显的差异。特别是在冬季高纬度地区差别更大。这主要是由于农村积雪面积广，且不易污染，雪的反射率甚大。城市中因为热量聚集，温度高，积雪易融化，雪面易污染等，这时的反射率城市与郊区相差较大。有时，城市地面反射率要比郊区小10%~30%。

（2）区域内建筑单体排列的集合形状对反射率的影响

在不同区域的覆盖层中，建筑物的密度大小、排列状况各不相同，这对反射率有着直接影响。比如郊区建筑物很少,一般可以把覆盖层视为水平面,其反射率主要视其地面性质而异。而城市的建筑物高低不一,建筑密度又各不相同,城市的结构在外形和朝向上,要比郊区自然景观复杂得多,墙壁、屋顶、路面组成了极为复杂的反射面(图 3-1-2、图 3-1-3)。经过多次反射,在受射面上吸收的次数必然增多,被反射掉的能量因此而减少,城市的反射率要比郊区为小。

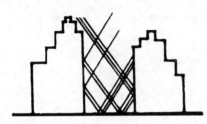 

图 3-1-2　建筑物对太阳辐射的反射　　　　图 3-1-3　郊区对太阳辐射的反射

如以 H 表示建筑物的高度,D 表示两座建筑物之间的距离,H/D 的比值越大,太阳辐射反射的次数越多,反射率越小;建筑物的密度越大,反射率也越小。

相应的影响因素还有:①城市街道的走向,如东西向的街道,存在反射率较大的问题;②建筑的排列与高度,主要是指其密度和相互间的体量关系;③气候状况,主要指云层、小气候范围的天气变化。

根据上述分析可见,对于建筑物较为密集的区域,其太阳总辐射总比到达建筑物相对较少的区域要小,但太阳辐射在前者范围内的反射量亦比后者小,所以一般条件下对于地面实际吸收的太阳辐射量,二者相差不大。

3) 天空大气的长波辐射强度——I_B

长波辐射强度包含两个方面:第一,覆盖层上表面向天空以长波形式辐射散热;第二,指大气以长波形式向下垫面层的逆辐射。以下对这两个方面进行分析。

(1) 长波辐射散热

其散热量与大气中的气溶胶、CO_2 气体和水汽的含量多少有关。当长波辐射穿越区域边界层和覆盖层的大气时,有相当一部分热量被气溶胶、CO_2 气体和水汽吸收,其结果是部分热量仍留在了覆盖层内。所以,对于气溶胶浓度、CO_2 气体和相对湿度较低的区域,如郊区,其长波辐射散热量要高于气溶胶浓度、CO_2 气体和相对湿度较高的区域,如城市,即式(3-4):

$$I_g(城市) < I_g(郊区) \tag{3-4}$$

(2) 大气逆辐射

城市空气中 CO_2 含量比郊区大,CO_2 对地面辐射中的波长在 $13\sim17\ \mu m$ 的波谱区有强烈的吸收作用。这是城市大气温度比郊区高的重要原因之一。从理论上推断由于城市气温比郊区高,CO_2 又比郊区多,其大气逆辐射值 Q_L 必然高于郊区。经过计算,城区中的大气逆辐射约比郊区大1%～1.6%。日本学者对比东京地区夜间14次的观测值,发现东京市区大气逆辐射比其郊区大1%～10%,平均大5.7%。

通过研究,仅城市市区和郊区气温垂直结构存在不同这一特性,已经使得市区的大气逆辐射比郊区大4%。这足以证明城市大气污染物对能量的吸收和释放带来的严重影响。

城市建筑物的存在从以下两个方面影响大气逆辐射:①天穹可见度(SVF)变小;②由壁面材料、色彩而产生的影响。

3.1.2　人为热释放量——Q_F

人为热释放主要包括人类社会生产生活和生物新陈代谢所产生的热量。由于城市人口密度大,工业组团繁多,因工业生产、家庭炉灶和内燃机等燃烧化石燃料时所释放的人为热,以及空调以及汽车、摩托车等所排放的热量远比郊区大得多。

由表3-1-3可见,人为热以固定源为主,其次为汽车、摩托车等移动源排放的热量,人类和牲畜的新陈代谢所释放热量是微不足道的。泰景(Terjung)亦曾探讨过此项热量。他指出在具有100万人口及相应数量家畜的城市中,新陈代谢作用所产生的人为热约为$5.3×10^{15}$J。其占整个城市人为热的总量,当视城市中其他人为热源排放的具体情况而定,但至多只占3%～4%,在大多情况下,仅占1%。在计算城市热量收支时,这项热量可以忽略不计。不过在研究城市建筑小气候时,它还是需要考虑的一个必要项目。

表3-1-3　2017年长沙、株洲、湘潭人为热排放总量(10^{15} J/a)与平均通量

人为热源	城市			
	长沙	株洲	湘潭	合计
工业	123.22	19.94	25.16	168.32
交通运输	25.66	7.51	6.33	39.5
建筑	126.09	9.16	4.23	139.48
新陈代谢	1.35	0.31	0.27	1.93
合计	276.32	36.92	1.93	349.23
平均通量(W/m²)	20.15	8.24	14.26	14.22

由于不同城市所处纬度、规模、人口及生活水平的差异,其人为热也完全不同,世界上几个不同城市/地区人为热的排放量见表3-1-4,人为热在热量平衡中所占的比重在各个城市很不一致。

总之,人为热的主要来源可归结为:

(1)生物源,指生物新陈代谢产生的热量,约占5%;

(2)固定源,指工业、生活锅炉和化石燃烧产生的热量,约占60%;

（3）移动源，指空调、汽车的产热，约占 35%。

值得关注的是，由于城市高度膨胀，工业聚集加剧，人为热越来越引起广泛关注，人们迫切要求降低人为热的排放。

表 3-1-4　不同地区尺度下人为热的排放量

国家/地区	尺度	大约纬度(°)	人口(百万)	年份	人为热(W/m²)	备注
全球	全球	/	710	2012	0.03	平均值
中国	国家	3~53	133	2009	0.22	平均值
			140	2020	0.442	平均值
北京市	城市	40	13.6	2017	82	夏季平均值
广州市	城市	23	12.7	2011	41.1	平均值
杭州市	城市	30	7.8	2007	50	平均值
首尔	城市	37	10	2009	24.6	平均值
休斯敦	城市	29	2.2	2014	14.6	平均值
波士顿	城市	53	0.66	2015	41.06	夏季平均值
伦敦	城市	51	6.5	2013	8.1	平均值
曼彻斯特	城市	53	0.5	2013	4.6	平均值
罗兹	城市	51	0.7	2013	4.2	平均值
东京都	城市圈	35	13.2	2013	12.5	平均值
大阪	城市	34	2.6	2013	23.5	平均值

3.1.3　覆盖层内的潜热交换——Q_E

城市区域除了得到太阳净辐射热量和人为释放热量外，还存在内热源，即潜热交换量。潜热交换主要表现为两种形式：水分的蒸发（或凝结）和冰面的升华（或凝华）。

当水分蒸发时，其离散的水分子使区域温度降低，如要保持其温度不变，就必须自外界供给热量，这部分热量等于蒸发潜热。在区域设计时，增加水面面积，可以提高城区夏季蒸发，降温效果十分显著；而在冬天就会加剧寒冷的程度，因此必须在实际设计中协调解决其矛盾。

冬天的冰面也有从冰变为水汽的现象，这些由冰直接变为水汽的过程被称为升华。在升华过程中也要消耗热量，这热量除了包含由水汽所消耗的蒸发潜热外，还包含由冰融化为水时所消耗的融化潜热。冰面升华会加剧冬天的寒冷，并且由于铲雪量的提高，更使升华加剧，而使城区更加寒冷。

城市中潜热交换量的大小主要取决于水分相变量的大小。城市中水分相变量远小于郊区，潜热交换量也远小于郊区。

环境设计中要注意以下问题：

（1）由于城市交通需要，往往存在大量不透水表面，排水也由地下管道排离，其蒸发潜热远比乡村小；

（2）由于冬季铲雪会使升华加剧，而影响冬季热环境；

（3）自然植被是潜热蒸发的主要途径，城市区域中仅有少量的绿地，蒸发散热量较少，也将影响区域热环境。

3.1.4 大气显热交换——Q_H

显热交换方式有 3 种：

（1）地面热传导换热，城市与郊区基本相同；

（2）热辐射换热，主要表现为太阳辐射对区域的影响；

（3）热对流换热，通过空气对流来进行能量交换。

区域大气显热交换主要是以热对流换热方式进行。

城市覆盖层与外界大气对流热交换机理可分两类：①由热力紊流引起热空气扩散，城市四周较冷空气补充产生的热量传递；传热量的大小取决于温度梯度、区域粗糙度等因素。对于较大城市，在无风或小风速条件下，热力紊流是城市热损失的主要方式。②与郊区相比，城市下垫面的粗糙度要大得多，由热力紊流产生的由城市向郊区的热量传递将小得多。形成热力紊流的基本条件是：天气系统的风速足够大、市区与郊区的空气温差大于零。

3.2 区域湿平衡

3.2.1 空气湿度

自然界的空气都是干空气和水蒸气的混合物，凡是含有水蒸气的空气都是湿空气。

空气中所含的水分越多，空气的水蒸气分压力就越大。在一定的温度和压力条件下，一定容积的干空气所能容纳的水蒸气量有一定的限度，也就是说湿空气中水蒸气的分压力有一个极限值。水蒸气含量达极限值时的湿空气叫做饱和湿空气。

处于饱和状态的湿空气中的水蒸气所产生的压力，叫做饱和蒸汽压或最大水蒸气分压力。

标准大气压力下，饱和蒸汽压随温度的升高而变大，这是因为在一定的大气压力下，湿空气的温度越高，其一定容积中所能容纳的蒸汽越多，因而水蒸气所产生的压力也越大。

1 m³ 的湿空气所含水蒸气的重量，称为空气的绝对湿度。绝对湿度只能说明湿空气在某一温度条件下实际所含水蒸气的重量，不能直接说明湿空气的干、湿程度。如绝对湿度为 153 g/m³ 的空气，在温度为 18℃时，水蒸气含量已达最大值，也就是说已经是饱和空气了；但若空气的温度是 30℃，却还是比较干燥的，因为 30℃的饱和空气的水蒸气含量为 301 g/m³。这时空气还有相当大的吸收水分的能力。可见绝对湿度相同的两种空气，其干、湿程度未必相同。必须是在相同温度条件下，才能根据绝对湿度的值来判断哪一种较为干燥或潮湿。

相对湿度是一定温度和压力条件下,湿空气的绝对湿度 f 与同温同压下的饱和蒸汽量 f_{max} 的百分比,称为该空气的相对湿度。相对湿度一般用 φ(%)表示。

在一定的温度和压力条件下,湿度一定的空气中所含的水蒸气量是一定的,因而其实际水蒸气分压力也是一定的。其所能容纳的最大水蒸气含量以及与之对应的最大水蒸气分压力,也都是一定的。当然,其相对湿度 φ 也是一定的。

根据该原理,设在一房间内,如不改变室内空气中的水蒸气含量,只是用干法加热空气(如用电炉加热)使其升温,其所能容纳的最大水蒸气含量随湿度的升高而变大。但因是干法加热升温,在加热过程中既不增加也不减少水蒸气,也就是保持水蒸气分压力不变,相对湿度随之变小。

如保持室内水蒸气分压力不变,而只是使温度降低,则相对湿度变大,温度下降越多,相对湿度变得越大。当温度降到某一特定值时,相对湿度 $\varphi=100\%$,本来是不饱和的空气,终于因室温下降而达到饱和状态,这一特定温度称为该空气的露点温度。

露点温度通常用 t_d 表示,其物理意义就是空气中的水蒸气开始结露的温度。如果从露点温度继续降温,空气就容纳不了原有的水蒸气,而迫使其一部分凝结成水珠(露水)析出。

寒冷地区的冬天,在建筑物中常常看到窗玻璃内表面上有很多露水,有的则结成很厚的霜,原因就在玻璃保温性能太低,其内表面温度远低于室内空气的露点温度,当室内较热的空气接触到很冷的玻璃表面时,就在表面结成露水或冰霜。

3.2.2 区域环境湿度

由于不同区域下垫面层的性质各不相同,不同区域的空气湿度相差很大,它影响着整个区域的热环境乃至整个区域的物理环境。

3.2.2.1 区域环境的绝对湿度

以城市和郊区做比较,在城市的下垫面层中,建筑物和铺砌的坚实路面大多是不透水层。降雨后雨水流失速度较快,地面比较干燥,再加上植物覆盖面积小,蒸散量比较小;因此城市中的日平均绝对湿度比郊区小。可是由于城市和郊区绝对湿度日变化的形式不同,在绝对湿度分布图上,白天城市绝对湿度比郊区低,形成"干岛";而在夜间一定时段内,城市绝对湿度反而比郊区大,形成"湿岛"。这种情况以夏季晴天比较明显。

3.2.2.2 区域环境的相对湿度

空气相对湿度对于区域环境内的热舒适影响较大。一般来说,在相同温度下,湿度过高,很容易引起人体的不舒适感。尤其在闷热的夏季高温天气时,空气相对湿度过大,使得人体的汗液不易排出,体内散热不畅,很容易引起中暑。从耗能的角度来说,除湿要比降温耗能更高,并且只降温而不除湿是很难达到改善环境热舒适条件的目的。所以,利用空调降温时,往往先要除湿再降温,这样做既不过多浪费能量,又能很快达到改善环境条件的目的。

城市因平均绝对湿度比郊区小,气温又比郊区高,这就使得其相对湿度与郊区的差异比绝对湿度更为明显。郊区相对湿度在每日 24 小时中,基本上都比市区大,差值高峰通常发生在夜间,最大值可达到 10%～30%。尽管有时市区会形成绝对湿度"湿岛",但因城市热岛效应,其相对湿度仍比郊区小。

城市空气绝对湿度的日变化、年变化基本上与空气湿度相同,这是因为湿度越高,蒸发越强之故。但城市空气湿度的变化与气温变化则相反。也就是说,当气温最高时,相对湿度值往往最小;而当气温最低时,相对湿度则最大。

3.2.3　区域水分平衡

通过 3.2.1 节的内容可知,区域的水分平衡直接影响着区域覆盖层大气显热散热量的多少。在一个区域中,其水分收入主要包括有降水量、区域供水量和燃烧产水量等部分;其水分流失则主要包括蒸发散失水量、区域排水量和区域贮水量等部分。区域地表水分平衡可由式(3-5)表示:

$$m + I + F = E + R + S \tag{3-5}$$

式中:m——降水量;

I——区域供水量;

F——燃烧产水量;

E——蒸发散失水量;

R——区域排水量;

S——区域贮水量。

对于上式中各量,不同区域有着明显的不同,就城市和郊区相比来说,城市的 m、I、F 值均比郊区大,E 和 S 则均比郊区小,而 R 又比郊区大很多。由于这些差异,不仅影响区域内的湿度分布,还影响到区域的热量平衡,导致了区域间的热气候差异显著。

3.2.3.1　区域得水量

区域中水分收入项有降水量(m)、由燃烧产生的水分(F)和由管道输送至城内的水分(I)等 3 项。根据大量观测事实和研究证明,城市中的降水量一般比郊区多 5%～15%。城市中由于燃烧大量化石燃料(天然气、汽油、燃料油和煤)会向空气中释放一定量的水汽。

城市中由于居民生活、工业和其他方面需要大量用水。这项用水量(I)通过管道输入城市。这又是城市中一项额外的水分收入(如果不考虑郊区的灌溉用水),它是郊区所没有的。I 的数量是可以直接观测到的。

城市中的降水量(m)已比郊区多,再加上人为水汽(F)和人工管道输送水的水分(I)这两项额外收入,在水分平衡中其水分收入项显然要比郊区多。

3.2.3.2　区域下垫面层蒸发散水量和水分贮存量

区域下垫面层的蒸发散水量(E)往往和该区域中不透水面积占下垫面的百分比、建筑物材料的透水性和区域内植物覆盖率等因素有关。一个区域中不透水面积所占的百分比可由式(3-6)表示：

$$I = aD^b \tag{3-6}$$

式中：I——不透水面积占城市下垫面面积的百分比；

$\quad\quad D$——城市人口密度；

$\quad\quad a$，b——由城市土地利用决定的两个常数。

人口密度是可以直接调查计算的。a，b 两个常数则是根据城市内部居民住宅面积、工商业建筑物面积、停车场、街道、公路及城市内树林、草地和菜地所占的面积等通过大量观测事实用多元回归计算出来的。

以城市为例，其不透水面积百分比大于郊区，建筑物密度高，植被覆盖率低，所以其下垫面水分蒸发量和植被蒸腾量都小于郊区，可以说城市下垫面善于贮存热量，然而却不善于贮存水分。从图 3-2-1、图 3-2-2 和图 3-2-3 对比可以看出，城市中由于建筑物密集，不透水面积大，植被覆盖率小，又有人工排水管道，降水后水分渗透并贮存于下垫面中的量极少。而郊区土壤疏松，降雨后渗透至下垫面的量大，又有大量植被可截留一部分降水，因此郊区在水分平衡中，下垫面水分贮存量（S）要比市区大得多。

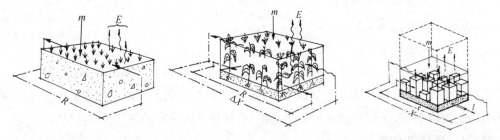

图 3-2-1 郊区土壤—植物体　　图 3-2-2 郊区植物—土壤—空气　　图 3-2-3 城市水分平衡示意图

现代城市下垫面层排水设施越来越完善，城市得水的大部分被排走。有代表性的是在降雨期间，城市径流量急剧增高，很快出现峰值；而郊区由于下垫面层吸水能力强，出现径流及峰值的时间要推迟很多。

3.3　城市热岛效应

3.3.1　形成原因

城市热岛效应（Urban Heat Island effect，UHI effect）主要是指因城市化引起城市区域气候因子变化，造成城市气温明显高于周边郊区的客观现象。热岛效应是城市化的必然产物。在 3.1 节我们讨论了城市与郊区得热量的差异，下面详细分析城市热岛的形成原因。

城市的不断发展,建筑物密度、高度不断增大,人工铺装的路面、广场越来越多,这个立体化的下垫面层能够比郊区吸收更多的太阳辐射能,这是形成热岛效应的基本条件。

城市立体化下垫面层比郊区自然下垫面层的热容量要大,白天城市的得热量贮存在下垫面层中的那一部分要比郊区为多,使得在日落后城市下垫面降温速度比郊区小。在夜间,城市因有下垫层贮热量(Q_S)的不断补充,湍流显热交换的方向,仍然是地面提供热量给空气。郊区因地面冷却快,有接地逆温层出现,湍流显热交换的方向是空气向地面输送热量,这是城市热岛形成的一个重要原因。

城市内部上空的污染覆盖层,特别是CO_2,易于吸收地面长波辐射。这就使得城市夜晚气温比郊区高,大气逆辐射又比郊区强,地面更不易冷却。CO_2温室效应是形成城市热岛的主要因素之一。此外,城市下垫面有参差不齐的建筑物,在城市覆盖层,内部街道"峡谷"中天空可见度小,大大减少了地面长波辐射热的散失。

城市人口的密集化,向大气中排入大量的人为热量(一个城市所输入的各种能量最终以热量形式散发到大气中)。较多的人为热量进入大气,特别在冬季对中高纬度的城市影响很大,许多城市的热岛强度冷季比暖季大,星期一至星期五的热岛强度比星期日大,就是这个原因造成的。

城市中因不透水面积大,降水之后,雨水很快从人工排水管道流失,地面蒸发量小,再加上植被面积比郊区农村小,蒸腾量少,城市下垫面消耗于蒸腾的热量(Q_R)较郊区小。而通过紊流输送给空气的显热量(Q_H)却比郊区大,这对城市空气增温起着相当重要的作用。

城市建筑物密度大,通风不良,不利于热量向外扩散。在大多数情况下,风速比郊区小。这也说明热岛的形成还必须有一定的外部条件,那就是天气稳定,气压梯度小,风速微弱或无风,天空晴朗无云或少云,空气层结构比较稳定。

3.3.2　特征

城市热岛的本质是城市气温高于郊区气温,热岛强度的强弱只与二者差值有关,而与气温绝对值非线性相关。在城市气温高时,热岛效应并非一定强,而城市气温较低时,则并非热岛效应一定弱。

各地区各季度的热岛强弱各不相同。不同地区城市的热岛效应在各个季节的强弱变化是不同的。对于中高纬度地区,城市热岛强度的表现为冬季最强,夏季较弱,春秋季介于冬夏之间。如北京市近 40 年来多个气象站的观测结果显示,其冬季热岛强度最强,夏季热岛强度弱于其他季节,且存在多尺度时序变化特征。对于低纬度地区,城市热岛效应在各个季度相差不大。有人分析造成这种现象的原因是中高纬度的城市在冬季采暖释放大量人为热量,且这种人为热量是通过分散布置的小锅炉和家用小锅炉释放到城市的大气中的。

白天热岛效应弱,晚间热岛效应强。造成这种现象的基本原因是城市与郊区下垫面层的单位面积热容量有差异。市区单位面积热容量较大,郊区较小。所以在白天吸收太阳辐射热及人为热过程中,尽管市区得热量大于郊区,但有相当部分热量贮存于下垫面层中,郊区下垫面层吸收贮存的热量则相对较小,这样造成郊区气温与市区气温增速度几乎相同,二者的差值变小。在夜间,郊区天空较晴朗,长波散热容易,下垫面层贮热量减少,故气温降低速度很快;而市区则相反,故差值变大。图3-3-1和图3-3-2是北京市秋冬两季的热岛强度日变化图,其中一个是双峰型,另一种是单峰型,但都表明夜间热岛强,白天热岛弱。

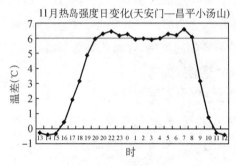
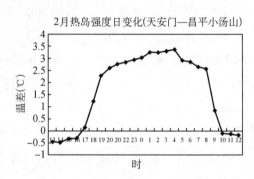

图3-3-1　北京市11月热岛强度日变化　　　　图3-3-2　北京市2月热岛强度日变化

图3-3-1是北京市中心天安门气象站和昌平小汤山气象站的气温差值,代表了北京地区秋季热岛强度的日变化。从热岛强度逐时变化看来,也是夜间热岛强度要比白天大得多。图3-3-2是北京地区冬季热岛强度日变化的例子。图中绘出2月热岛强度逐时变化的曲线。可以看出,它的变化趋热与秋季有相似之处,也是在日落后强度突然增大,到20时达最大值;以后又下降,到凌晨2时降至最低值;然后再缓慢上升,到8时达第二高峰,日出后突然下降。其强度的日变化是双峰,而其峰值强度分别为5℃和4.5℃。

晴天无风时热岛强,阴天风大时热岛弱。表3-3-1为北京大学张景哲先生等于1981年在北京地区测试结果的一部分。

表3-3-1　不同天气对热岛的影响

时刻	ΔT	天气状况
1月23日21时	1.7℃	阴,风速0.7~2.0 m/s
1月30日21时	6.9℃	晴,风速0.0~1.0 m/s

由上表可见,同在一个月份中的21时,当为阴天且风速较大时,市区与郊区的温差只有1.7℃;当为晴天且风速较小时,温差达到6.9℃。其原因在于晴天时,城区立体化下垫面层才能发挥大量吸收贮存太阳辐射热能的机能,阴天时太阳能到达地面很少,当然就无法多吸收太阳辐射热。风速较小时空气较稳定,城区与郊区的机械紊流换热减

弱,市区热空气不易扩散到郊区,当风速增大时,则机械紊流交换加剧。当风速大到一定数值时,城郊气温差别就不存在,这一风速值称为城市热岛的临界风速 U_{lim}。各个城市的临界风速大小与城市规模有关。奥克(Oak T. R.)根据他观测和搜集的资料,指出不同城市热岛的临界风速见表 3-3-2,并总结出一个经验公式如式(3-7):

$$U_{lim} = 3.41 \lg m - 11.6 \qquad (3-7)$$

式中,U_{lim} 为城市热岛消失的临界风速。如果风速大于此临界值,因空气动力交换大,城市热岛就不会形成。m 为城市总人口数。奥克根据大量资料计算,发现 $\lg m$ 和 U_{lim} 的相关系数高达 0.97,并根据式(3-7)求出当 $U_{lim}=0$ 时,城市人口只有 2 500 人,有一定密度的建筑群,就可能产生城市热岛效应。

根据周明煜等的研究,我国北京地区不同季节热岛消失的临界风速是不同的。冬季热岛强度最强,热岛消失的临界风速也最大;秋季热岛强度也很强,但比冬季要弱一些,因而热岛消失的临界风速也较大,但比冬季略小;夏季的热岛强度在四季中是最弱的,热岛消失的临界风速也是最小的。如果把城区热岛强度小于 0.5℃时的水平风速定为热岛消失的临界风速,可得表 3-3-3。

表 3-3-2　不同城市热岛消失的临界风速

城市名称	观测年份	城市人口	临界风速(m/s)
伦敦(英)	1995—1968	1 850 000	12
蒙特利尔(加)	1966—1968	2 000 000	11
汉密尔顿(加)	1965—1966	3 000 000	6~8
雷丁(英)	1951—1952	120 000	4~7
熊谷(日)	1956—1957	50 000	5
帕罗奥多(美)	1951—1952	33 000	3~5

表 3-3-3　北京热岛消失的临界风速

季节	热岛消失的风速(m/s)
春	4~5
夏	2~3
秋	5
冬	5~6

3.3.3　对城市环境的影响

城市热岛效应的出现,使城市区域空气温度在一年中的大部分时间里高于郊区,由此产生对整个城市环境的多方面影响,主要有下面三个方面。

3.3.3.1　形成热岛环境

城市热岛的水平温度像一个温暖的"岛屿",是气温高于郊区的暖区。因此,市区地面气压要比郊区气压稍低一些。如果没有大的天气系统的影响，或背景风速很弱的话，就会出现由周围郊区吹向市区的微风，称为热岛环流，或"乡村风""城市风"（图 3-3-3）。

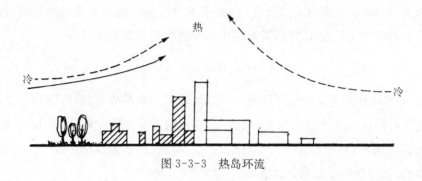

图 3-3-3　热岛环流

热岛环流是由市区与郊区气温差形成的热压差而导致的局地风，故其风速一般都较小，如上海约为 1~3 m/s，北京约为 1~2 m/s。

热岛环流的出现，影响了整个城市风场的分布。在背景风速很弱条件下，会将城市边缘地区工厂排放的污染物带进市区，使得越靠近市中心区，污染浓度越高，加大了城市区域的大气污染。

3.3.3.2　影响城市区域的降水量和空气湿度

热岛效应的出现，加强了城市区域大气的热力对流，再加上城市大气中的许多污染物本身就是凝结核，使得城市区域的云量和降水量比郊区明显增多。1973 年，弗兹格瑞德（Fitzgerald）等在低空飞行时，对云的物理结构进行观测时发现，美国圣路易斯城区的上风方向比下风方向云的凝结核数目增加 54%，空气的过饱和程度亦有所增加，出现 101% 相对湿度的区域，下风方向是上风方向的 2 倍。由于下风方向云的凝结核数目较多，它们吸水性能强，容易成云。

城市区域的降水量虽比郊区多，但市区空气的相对湿度却比郊区低。其原因除了市区大部分降水被排走，市区蒸发到空气中的水分少外，城市热岛效应（气温高于郊区）也是主要原因之一。

3.3.3.3　酷热天气日数增多，寒冷天气日数减少

城市气温高于郊区，引起市区一系列气候反常现象。一是夏季城市区域酷热天气日数量（35.1~40℃）多于郊区；二是使得城市中的无霜期比郊区长；三是降低了城市的降雪频率和积雪时间；四是冬季寒冷天气日数量（低于 -5℃）城市少于郊区，显得市区春来早，秋去晚。这种气候变化的结果使得冬季城市区域采暖热负荷减少，从某种意义上说节约能源，但同时又使得夏季空调冷负荷增加，又多消耗了能源。

3.3.4　控制城市热岛的措施

总的说来，城市热岛效应对城市环境的影响是害多利少，从城市建设和发展的角度来看，应控制和减弱日趋严重化的热岛现象，改善城市的热湿环境。

3.3.4.1　严格控制城市规模

如前所述,城市规模越大,人口越多,热岛效应越强。现有资料表明,我国城市热岛效应以北京、上海、广州等城市较强。在经济发展的今天,城市基本建设加快,使得城市的规模普遍越来越大,这就需要城市建设管理部门保持清醒的头脑,防止再犯"一边建设一边污染"的错误。

在控制城市规模的同时,还应防止人口密度和建筑密度过高。局部的高密度会因大量消耗能源而释放高强度的人为热,加上其他形式净得热量,产生很强的局部地区热岛效应,恶化市区热环境,故在城市规划设计中,应尽量避免将人口密度与建筑物密度较高的功能区连片布置。

3.3.4.2　保持城市区域有充足的蒸发面积

在城市建设中,在城市中心区域规划出足够的水面和绿地,而且应该分布合理。与发达国家城市相比,我国大多数城市的水面和绿地面积比例很小,故更应注意城市蒸发面积的建设。

大量观测资料表明,不同下垫面上空的气温有明显的差异,天安门广场就是一个很好的例证。天安门广场现有面积 40 hm²,其中水泥铺装面积约占 80%,绿地只有 12% 左右,对于水泥地面、无树荫草坪和有树荫草坪三种不同下垫面在夏季白天所形成的微小气候,北京大学张景哲教授等于 1981 年 8 月 17 日进行了观测(图 3-3-4)。

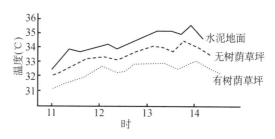

图 3-3-4　天安门广场三种下垫面的气温变化

图 3-3-4 所示的是距下垫面 1 m 高处的观测结果。可以看出,水泥地面上方比有树荫草坪上方温度最高约高出 2.8℃。

这种差异在后来的研究中也不断得到证实,刘大龙等在 2020 年通过实测得到了沥青、混凝土、铺面砖、草地四种下垫面的微气候环境差异。空气平均温度排序由高到低为沥青＞混凝土＞铺面砖＞草地,平均湿度排序为草地＞铺面砖＞沥青＞混凝土,平均风速排序为铺面砖＞混凝土＞沥青＞草地。

为了说明在一般市区有绿化对减弱热岛现象的影响,下面再引用杨士弘等 1981 年 7 月在广州观测的结果,见表 3-3-4—表 3-3-7。表中数据表明,城市绿化对缓和热岛效应所造成的城市热湿环境恶化有十分重要的作用。李膨利等通过跟踪分析 2002—2017 年北京市朝阳区遥感影像,发现地表温度与城市下垫面绿化面积呈负相关关系,与不透水面积呈正相关关系,进一步证实了绿化植被对调节城市环境的重要作用。

表 3-3-4 公园与公园附近街道测点气温对比(℃)

日期 (1981 年)	测点	时间							平均	天气状况
		7	8	10	12	14	16	18		
7 月 4 日	流花湖公园	26.7	28.1	29.5	30.6	30.9	30.1	29.3	29.3	多云、偏东风 1~4 m/s
	东风一路	26.7	28.2	30.0	31.5	31.7	30.8	30.1	29.9	
	差 值	0	0.1	0.5	0.9	0.8	0.7	0.8	0.6	
7 月 6 日	流花湖公园	26.9	27.5	28.7	30.6	31.3	26.2	28.1	28.4	多云、偏东风 2~4 m/s
	东风一路	27.3	28.1	29.1	31.8	32.4	26.5	28.7	29.1	
	差 值	0.4	0.6	0.4	1.2	1.1	0.3	0.6	0.7	

表 3-3-5 街道有树测点与附近的街道无树测点气温对比(℃)[①]

日期 (1981 年)	测点	时间							平均	天气状况
		7	8	10	12	14	16	18		
7 月 4 日	街道有树	26.9	28.1	30.0	31.0	31.0	30.6	30.2	29.7	多云、偏东风 1~4 m/s
	街道无树	27.0	28.3	30.0	31.7	31.8	30.8	30.4	30.0	
	差 值	0.1	0.2	0	0.7	0.8	0.2	0.2	0.3	
7 月 5 日	街道有树	27.1	28.2	30.1	31.1	31.6	32.4	32.0	30.4	多云、偏东风 2~5 m/s
	街道无树	27.6	28.2	31.7	31.6	33.6	33.0	32.8	31.2	
	差 值	0.5	0	1.6	0.5	2.0	0.6	0.8	0.8	

注：① 街道有树以向阳四路测点代表，街道无树以人民路测点代表。

表 3-3-6 街道有树测点与附近的街道无树测点气温对比(℃)

日期	测点	时间				天气状况
		8	14	18	平均	
1981 年 7 月 9 日	海珠广场东侧草坪	27.4	27.6	28.8	27.9	多云间阴，东南风 2~5 m/s,中午有短 时小雨
	海珠广场中央水泥地面	27.7	28.9	29.9	28.8	
	差 值	0.3	1.3	1.1	0.9	

表 3-3-7 草地与附近的柏油马路气温对比(℃)

日期	测点	时间				天气状况
		8	14	18	平均	
1981 年 7 月 10 日	烈士陵园正门前草坪	27.2	30.8	28.8	28.9	多云间阴，东南风 1~3 m/s,多云到阴 9 时半下 5 min 小雨
	东校杨柏油马路	27.5	32.4	30.1	30.0	
	差 值	0.3	1.6	1.3	1.1	

水面之所以能抑制夏季热岛的强度，是因为水体热容大，蒸发能力强。当夏季地面增温时，水面温度低于地面温度，从而水面上空的气温低于地面上空气温度。表 3-3-8 是张如一等 1981 年在北京实测的结果。

表 3-3-8 后海、玉渊潭与附近的沥青路面的气温(℃)

日期	地点	时间						
		8	10	12	14	16	18	20
1981年 7月13日	后海	25.6	29.7	31.9	32.2	31.8	29.7	28.2
	后海西侧路面	25.4	30.0	32.5	33.6	32.9	31.2	29.0
	玉渊潭后湖	25.7	28.9	30.7	31.9	31.5	27.8	28.2
	军博北空地路面	25.8	29.7	31.8	33.4	31.9	27.8	27.8

另外,在城市区域建筑设计中,应当推行屋顶栽植、墙面立体绿化等设计措施。过去这些只是作为单体建筑的防热降温措施,但从整个城市来看,它们是城市绿化建设的一部分,对改善城市热环境起着良好的作用。中世纪的罗马等石造城市中,人工水池和喷泉很多,不论当时人们是否意识到,它们都具备调节城市热环境的功能。

3.3.4.3 合理使用人工铺装,使之不超过功能所必需的面积

在城市区域,由于道路、桥梁等功能要求的需要,必须采用像水泥、沥青等人工铺装。但长期以来,在各种路面、广场以及单位内部庭院盲目使用沥青、混凝土等硬质铺装的现象是造成夏季严重干热的主要原因之一。西安临潼区某大疗养院,由于休养人员最集中的中心庭院全部铺上水泥地面,使得夏季来疗养的人员从病房到餐厅来往一次都热得难忍,晚上也不能在院子里乘凉。西安建筑科技大学教学区新大楼附近使用了大片水泥铺装面,使得7月初地面上方1.5 m处下午14时左右平均辐射温度达到约50℃。

3.3.4.4 加强市区的自然通风

狭窄的街道、建筑密集的里弄或胡同不利于空气的流通,不利于市区的热空气散失到郊外,也不利于空气中污染物向城外扩散。因此,在城市新建和改建时,在总体规划中,要设计有一定数量、一定宽度,且与夏季盛行风向相近的街道,以加强市区与郊区之间机械紊流热交换,使得城市的多余热量较快地转移到郊区。

3.4 城市大气环境

随着近代工业的发展,人口不断增长,城市化进程逐步加快,人类的生存环境正遭受前所未有的破坏,首当其冲的表现即是向大气排放了大量污染物。洁净的大气是人类乃至整个自然界赖以生存的基本条件之一,地球上的每个公民都应该自觉保护。对于建筑工程领域的规划设计人员,应该了解大气的相关知识,掌握基本的防治大气污染的规划设计方法,创造良好的人居环境,造福人类。

3.4.1 城市大气污染

整个大气层主要由多种气体混合而成,其中还有水滴、冰晶、尘埃、花粉和孢子等。

大气中除去水汽和杂质外,整个混合气体称为干洁空气(表 3-4-1)。它的主要成分为氮、氧和氩,三者合计约占空气总重量的99.9%。近地面大气层干空气的密度,在标准

状况下为 1.293×10^{-3} g/cm³。水蒸气密度比干空气密度小,二者之比为 0.662∶1。因此,空气中含水汽越多,密度越小。空气中水汽的含量在 0~4% 之间变化,其他气体含量很少。

表 3-4-1 干洁空气的组成

气体	容积百分比(%)	分子量
N_2	78.09	28.016
O_2	20.95	32.000
Ar	0.93	39.944
CO_2	0.03	44.010
O_3	1×10^{-6}	47.998
Ne	1.8×10^{-3}	20.183
He	5.0×10^{-4}	4.003
Kr	1×10^{-4}	83.700
H_2	5×10^{-5}	2.016
Xe	8×10^{-6}	131.300

干洁空气中各种成分的临界温度都很低,例如氮为 $-147.2℃$,氧为 $-118.9℃$,氩为 $-122.0℃$。在自然界的条件下,不能达到这样低的温度,因此,这些气体在大气层中永远不会液化。所以空气的主要组成成分总是保持为气体状态。

此外,大气中含有的其他气体,如一氧化碳(CO)、氨气(NH_3)、二氧化硫(SO_2)、硫化氢(H_2S)、氯气(Cl_2)、二氧化氮(NO_2)、臭氧(O_3)、甲烷(CH_4)和甲醛(CH_2O)等,均在百万分之一以下(表 3-4-2)。其中 O_3 起源于高空大气层(臭氧层),CO、NH_3、H_2S、H_2、甲烷和甲醛等是地面有机物分解和腐烂的产物,NO_2 是雷雨时产生的,SO_2 主要是火山和温泉的排出物,在森林地区,空气中含有森林排出的挥发性物质,为多环芳香类化合物。

表 3-4-2 近地面大气层气体的含量

气体	含 量		残留时间
	浓度($\times 10^{-6}$)	标准状态下($\mu g/m^3$)	
CO_2	$(2\sim 4) \times 10^2$	$(4\sim 8) \times 10^3$	4a
CO	$(1\sim 20) \times 10^{-2}$	$(1\sim 20) \times 10$	0~0.3a
N_2O	$(2.5\sim 6.0) \times 10^{-2}$	$(5\sim 12) \times 10^2$	0~4a
NO_2	$(0\sim 3) \times 10^{-3}$	0~6	—
NH_3	$(0\sim 2) \times 10^{-2}$	0~15	—
SO_2	$(0\sim 20) \times 10^{-3}$	0~50	0~5d
H_2S	$(2\sim 20) \times 10^{-3}$	3~30	0~40d
O_3	$(0\sim 5) \times 10^{-2}$	0~100	0~2a
H_2	0.4~1.0	36~90	—

（续表）

气体	含 量		残留时间
	浓度（$\times 10^{-6}$）	标准状态下（$\mu g/m^3$）	
Cl_2	$(3\sim15)\times10^{-4}$	$1\sim5$	—
I_2	$(0.4\sim4)\times10^{-5}$	$0.05\sim0.5$	—
CH_1	$1.2\sim1.5$	$(8.5\sim1.1)\times10^{-2}$	$0\sim100a$
CH_2O	$(0\sim1)\times10^{-2}$	$0\sim16$	

在城市,特别是大城市,由于工厂、交通工具和城市居民生活中排出的各种废气,使城市空气组成复杂化,其成分含量远远超过天然空气中的含量。当其含量超过国家大气环境质量标准时,认为空气被污染。

3.4.2 城市大气的污染源

城市中大气污染物的来源一般有两种:固定源和流动源。

3.4.2.1 固定源

固定源是指污染物从固定地点排出的,如各种类型工厂、火电厂、钢铁厂等。从这些固定源向大气排放污染物主要通过以下三种过程。

（1）能源利用。为了获得能量,燃料燃烧后放出大量污染物质。所用能源类型不同,排放的污染物成分也各不相同。这是导致空气污染的最大污染源。

（2）废物焚化,主要指固体废物的焚化。西方国家及日本等国对固体废物主要通过垃圾焚化来集中处理。其中因敞开燃烧和多室燃烧方式不同,排出污染物的成分也不尽相同。

以上两种都是通过燃烧过程将污染物排放至大气中,其排放的污染物见表3-4-3。

表3-4-3 燃烧污染物的比较[①]

污染物	电厂排出物（g/kg 燃料）			废物燃烧排出物（g/kg 燃料）		内燃机排出物（g/kg 燃料）	
	煤	石油	气	敞开燃烧	多室燃烧	汽油	柴油
CO	可忽略	可忽略	可忽略	50.0	可忽略	165	可忽略
硫的氧化物（SO_x）	$(0.84)a$	$(0.86)a$	$(0.70)a$	1.5	1.0	0.8	7.5
氮的氧化物（NO_y）	0.43	0.68	0.16	2.0	1.0	16.5	16.5
醛和酮	可忽略	0.003	0.001	3.0	0.5	0.8	1.6
碳氢化合物总量	0.43	0.05	0.005	7.5	0.5	33.0	30.6
粉尘	$(0.322)b$	$(0.12)b$	可忽略	11	11	0.05	18.0

注:① 表中 a 为燃料中含硫的百分比;b 为燃料中灰分的百分比。

（3）工业生产。在工业生产过程中排至大气中的污染物,有的是原料,有的是产品,有的是废气。因工业生产原料复杂,产品分类繁多,其排出的污染物分类也比较复杂,也因工业种类不同而有差异,见表3-4-4。

表 3-4-4　各主要工业向大气排放的主要污染物

工业	企业名称	向大气排放的污染物
冶金	钢铁厂	烟尘、SO_2、CO、氧化铁粉尘、锰尘
	炼焦厂	烟尘、SO_2、CO、H_2S、酚、苯、萘、烃类
	有色金属冶炼厂	烟尘(含有铅、锌、镉、铜等)、SO_2、汞蒸气、氟
化工	石油化工厂	SO_2、H_2S、氰化物、氨氧化物、氯化物、烃类
	氮肥厂	烟尘、氮氧化物、CO、NH_3、硫酸气溶胶
	磷肥厂	烟尘、氟化氢、硫酸气溶胶
	硫酸厂	SO_2、氮氧化物、CO、NH_3、硫酸气溶胶
	化学纤维厂	烟尘、H_2S、NH_3、CO_2、甲醇、丙酮、二氯甲烷
	农药厂	甲烷、砷、汞、Cl_2、农药
	合成橡胶厂	苯乙烯、乙烯、异丁烯、戊二烯、二氧乙醚、乙硫醇
机械	机械加工厂	烟尘
	仪器仪表厂	汞、氰化物、铬酸
轻工	造纸厂	烟尘、硫醇、硫化氢
	玻璃厂	烟尘、氟化物
建材	水泥厂	烟尘、水泥尘
	砖瓦厂	烟尘、氟化物

在大气污染物的固定源中以火电厂为最大的污染源。全世界的火电厂每年排放至大气中的污染物达几千万吨。其次是钢铁工业,特别是焦化、炼铁和炼钢三个生产部门排入的污染物最多。此外,化学工业亦是大气污染物的一个重要来源,其中以石油化学工业、化肥和农药制造工业对空气的污染影响更大。在城市中,如果上述几类工厂密集,其空气污染程度就会十分严重,当然其他工业和居民炉灶亦有很大程度的影响。

3.4.2.2　流动源

城市往往是交通运输枢纽,汽车、火车、轮船、飞机往来频繁,这些都是城市大气污染物的流动源。它们与工厂相比,虽然是小型的、分散的、流动的,但数量庞大,活动频繁,排出的污染物也相当可观。根据我国生态环境部公布的数据,在 2019 年,全国机动车四项污染物排放总量为 1 603.8 万 t,其中,CO、碳氢化合物(HC)、氮氧化物(NO_x)、颗粒物(PM)排放量分别为 771.6 万 t,189.2 万 t,635.6 万 t,7.4 万 t。非道路移动源排放对空气质量的影响也不容忽视,非道路移动源排放 $SO_2$15.9 万 t,碳氢化合物(HC)43.5 万 t、氮氧化物(NO_x)493.3 万 t、颗粒物(PM)24.0 万 t,其中 NO_x 排放量接近于机动车。

特别值得提出的是,随着城市人口的增加,汽车数量越来越多,对城市大气污染的影响亦越来越大。著名的美国洛杉矶和日本东京的"光化学烟雾事件",就是由交通运输排出的污染物所造成的。根据生态环境部 2020 年公示的《中国移动源环境管理年报》,流动源污染已成为我国空气污染的重要来源,是造成环境空气污染的重要原因,流动源污染防治的紧迫性日益凸显。

3.4.3　城市大气中的主要污染物

所谓大气污染,主要是指由于自然过程或人类社会经济活动,使烟尘、有害气体等在大气中的数量、浓度、持续时间等达到一定程度,从而对人的健康及精神状态带来不利影响,或对生态环境造成危害。城市大气中的污染物有数十种之多,下面介绍几种主要污染物的形态和危害性。

3.4.3.1　一氧化碳

CO 是一种无色、无臭、无味的气体。空气中混有少量的 CO(大于 30 mg/m³)即可引起中毒。中毒机理是 CO 与血红蛋白的亲和力比氧与血红蛋白的亲和力高 200~300 倍,因此 CO 极易与血红蛋白结合,形成碳氧血红蛋白(carboxyhemoglobin,COHb),使血红蛋白丧失携氧的能力和作用,造成组织窒息。

CO 对人体毒害程度的大小由许多因素决定,如空气中的浓度、接触的时间长短、呼吸的速度快慢,以及有无吸烟的习惯(吸烟者 COHb 的本底约为 5%,不吸烟者约为 0.5%)等,这些因素影响着毒害程度。

CO 是城市大气中含量最多的污染物,约占大气中污染物总量的 1/3,其天然本底只有百万分之一左右。现代发达国家城市中,空气中的 CO 有 80% 是汽车排放的。CO 是碳氢化合物燃烧不完全的产物,当氧气不足,火焰温度不够高,CO_2 与氢化合物燃烧不完全而产生 CO。

空气中 CO 的污染水平不会持续提高,这说明必定存在着某种自然净化的过程,但其机理迄今不完全了解。显然,CO 是会转化为 CO_2 的。

城市中 CO 浓度每小时的变化情况,随城市行车类型而异,早晚上下班,为浓度高峰值;假日不上班,则不会出现高峰。又如车速越高,CO 排出越少,因此,大城市的交叉道口和交通繁忙的道路上,常常出现高浓度的 CO 污染。所以良好的交通管理,有助于降低城市空气中 CO 的含量。

3.4.3.2　氮氧化物

造成空气污染的氮氧化物主要是 NO 和 NO_2。它们大部分来自矿物燃烧过程(包括汽车及一切内燃机所排放的 NO_x),也有来自生产或使用硝酸的工厂排放出的尾气,还有氮肥厂、有机中间体厂、黑色及有色金属冶炼厂等。

氮氧化物浓度高的气体呈棕黄色,从工厂烟囱排出来的氮氧化物气体被人们称为"黄龙"。

在高温下,燃烧装置内,燃料燃烧用的空气中的氧和氮发生反应,便生成 NO。NO 的生成速度是随燃烧温度增高而加快的,在 300℃ 以下,产生很少的 NO;燃烧温度越高,氧的浓度越大或反应时间越长,则 NO 的生成量就越大。

在空气中,NO 可以转化为 NO_2,但氧化速度很慢。例如,空气中 NO 的浓度为 200×10^{-6} 时,NO_2 的生成速度是每分钟 11×10^{-6} g/m³,而空气中 NO 的浓度为 25×10^{-6},则 NO_2 的生成速度降为每分钟 0.18×10^{-6} g/m³。因此,排入空气中的 NO_2 主要来源于燃烧过程。NO_2 在大型锅炉的排烟气体中,一般占氮氧化物总量的 10% 以下。

一般空气中的 NO 对人体无害,但当转变为 NO_2 时,就具有腐蚀性和生理刺激作用,因而有害。NO_2 还能降低远方物体的亮度和反差,是形成光化学烟雾的因素之一。

NO_2 的具体危害有:

(1) 毁坏棉花、尼龙等织物。破坏染料,使其褪色,并腐蚀镍青铜材料。

(2) 损害植物。在浓度为 0.5×10^{-6} 的 NO_2 下持续生存 35 天,能使柑橘落叶和发生萎黄病,在 0.25×10^{-6} 的 NO_2 下 8 个月,柑橘即减产。

(3) 一般城市空气中的 NO_2 浓度异常能引起急性呼吸道病变。试验证明,在 NO_2 每天浓度为 $(0.0063 \sim 0.083) \times 10^{-6}$ 的条件下 6 个月,儿童的支气管炎发病率明显增加。

3.4.3.3 碳氢化合物

自然界中的碳氢化合物主要由生物的分解作用产生的。据估计,全世界每年由此产生的甲烷(CH_4)约 3 亿 t,烯(Terpenes),即通式为 $(C_5H_8)n$ 的链状或环状烯烃类,与 2-甲苯丁二烯约 4.4 亿 t。

乡村中碳氢化合物中含量最高的是:甲烷约 $(1.0 \sim 1.5) \times 10^{-6}$,其他每种碳氢化合物都约为 0.1×10^{-6}。甲烷是惰性的,不会引起光化学烟雾的危害。乙烯则对植物有害,还会产生甲醛刺激人的眼睛。

城市空气中的碳氢化合物虽然对健康无害,但能导致生成有害的光化学烟雾。经证明,在上午 6:00~9:00 的 3 h 内排出的浓度达 0.3×10^{-6} 的碳氢化合物(甲烷除外),在 2~4 h 后就能产生化学氧化剂,其浓度在 1 h 内可保持 0.1×10^{-6},从而引起危害。

3.4.3.4 硫氧化物

矿物燃料中一般都含有相当数量的硫(煤中约有 $0.5\% \sim 6.0\%$),有的是无机硫化物,有的是有机硫化物。这种燃料燃烧时放出的硫,多是 SO_2,还有小部分 SO_3。由表 3-4-3 可见,空气中的 SO_x 有 75% 以上来自固定燃料源的燃烧,而其中的 80% 又是燃煤的结果。就全国而言,截至 2018 年,我国能源构成中,煤炭占 59%,石油及天然气占 27%,煤炭消费占比仍然偏高。同时我国部分城市民用炉灶烟囱低矮,燃烧效率只有百分之十几;采暖锅炉吨位小,效率低,这些情况加剧了我国城市大气的污染问题。

空气中 SO_2 浓度大于 0.3×10^{-6} 时,即可由味道闻出来;而大于 3×10^{-6} 时,其刺激性臭味则可由鼻子闻出来。SO_2 能与水反应生成亚硫酸(H_2SO_3);而 SO_3 与水反应则生成硫酸(H_2SO_4),后一反应进行得极快,并生成硫酸气溶胶,所以空气中通常不存在 SO_3 气体。在城市空气的固体微粒中,一般约含有 $5\% \sim 20\% H_2SO_4$ 的硫酸盐。

SO_2 的腐蚀性较大,软钢板在含 SO_2 浓度 0.12×10^{-6} 的空气中腐蚀一年失重约 16%。SO_2 能使空气中动力线硬化和拉索钢绳的使用寿命缩短,它要求电气接点不得不采用像金一类耐腐蚀的贵金属。它还使皮革失去强度,建筑材料变色破坏,塑像及艺术品毁坏;它能损害植物的叶片,影响其生长并降低其产量;它能刺激人的呼吸系统,尤其有肺部慢性病和心脏病的老年人最易受害。此外,SO_2 还有促癌作用。当空气中有微粒物共存时,其危害可增大 3~4 倍。

表 3-4-5 列出了 SO_2 对生物健康的影响。由表可见,当空气中的 SO_2 浓度平均值大于 0.04×10^{-6}、日平均值大于 0.11×10^{-6} 时,即对人体产生危害。

表 3-4-5　SO_2 浓度对生物健康的影响

SO_2 浓度($\times10^{-6}$)	对生物健康的影响
0.03	慢性植物损伤,叶落过多
0.04	支气管炎及肺癌死亡率增多(烟:160 $\mu g/m^3$)
0.046	学龄儿童呼吸系统疾病增多,加重(烟:100 $\mu g/m^3$)
0.11~0.19	老年人呼吸系统疾病增多,可能增加死亡率
0.21	慢性肺癌加重(烟:300 $\mu g/m^3$)
0.25	死亡率增加(烟:750 $\mu g/m^3$),发病率急增

3.4.3.5　微粒

微粒是指空气中分散的液态或固态物质,其粒度为分子级,即直径约 0.0002~500 μm,具体包括气溶胶、尘、烟、雾和炭烟等,肉眼能分辨出来的微粒直径约为 100 μm。气溶胶是悬浮于空气中的固液微粒,其直径一般小于 1 μm。尘是大于 10 μm 的固体微粒迅速沉降而成的,10 μm 微粒的沉降速度约为 20 cm/min;烟是小于 1 μm 的固体颗粒;雾是液体微粒,其直径可达 100 μm;此外还有极细的可集成一串的炭烟。

小于 0.1 μm 的微粒,可借布朗运动碰聚成大于 0.1 μm 的微粒;而小于 1 μm 的微粒,多数是由于燃烧后排出的物质凝结而成;大于 10 μm 的微粒则大多由机械作用(如研磨、侵蚀等)产生。

尘埃(煤尘、粉尘等)中颗粒大于 10 μm 的物质,几乎都可被鼻腔和咽喉所吸集,不进入肺泡,但 10 μm 以下的浮游状颗粒(PM_{10},可吸入颗粒物,即飘尘)对人体危害最大。其中 2.5 μm 以下的被称为细颗粒物,$PM_{2.5}$ 粒径小、面积大、活性强,对人体和大气的影响更大。飘尘经过呼吸道沉积于肺泡的沉淀率与飘尘颗粒大小关系密切,一般认为:

(1) 50~10 μm 的粉尘有 90% 沉积于呼吸道细胞上;

(2) 5~0.5 μm 的粉尘沉积率随着粒径的减少而逐渐减少,0.5 μm 的粉尘沉积率为 25%~30%;

(3) 0.4 μm 以下的粉尘沉积率随粒径的减少而增大。

简言之,在肺泡中沉积率最大的粉尘其粒径为 2~4 μm,可以自由地进出肺泡,在呼吸道和肺泡膜内的沉积率最低的粒子,其直径为 0.4 μm,颗粒小于 0.4 μm 时,呼吸道和肺泡内的沉积率又逐渐增大,当然,沉积率还受人的呼吸量和呼吸次数的影响。

3.4.3.6　光化学烟雾

空气污染的性质视一定地区的种类而定,同时也和该地区的地理和气象条件有关。"伦敦烟雾"(London smog)和"光化学烟雾"(photochemical smog)的区别是个很好的例子。"伦敦烟雾"主要是 SO_x 和微粒（其主要成分是 Fe_2O_3）的混合物,经化学作用,生成 H_2SO_4 而危害人类的呼吸系统;光化学烟雾则是 HC 和 NO_x 在阳光作用下发生化学反应而生成刺激性的产物。

光化学烟雾的一次污染物是 NO 和 HC(即汽车排出物)。它们在阳光作用下发生一系列复杂的化学反应,结果产生有毒的二次污染物,包括 NO_2、O_3、过氧化乙酰硝酸酯(Peroxy acetal mitrate,PAN),后二者通常被称为光化学氧化剂。

光化学烟雾的危害性通常体现为:

(1) 刺激眼睛,这是由具有刺激性的二次污染物甲醛、过氧化苯甲酰硝酸酯(PB_2N)、PAN、丙烯醛引起的;

(2) 臭氧会引起胸部压缩、刺激黏膜、头痛、咳嗽、疲倦等症状;

(3) 目前哮喘病的增多与氧化剂的增多有关,还会引起植物毁坏。

以上仅讨论了大范围内主要的几种污染物,还有些危害性也很强的局地性污染物(如放射性污染等),请参考有关大气的专著。

3.4.4　大气污染对环境的影响

大气中的主要污染物除了对人体健康及生活、设备等方面具有危害,大气污染还对全球气候、城市物理环境、工农业生产等方面有着巨大的影响。从边界层整体来说,大气污染与城市物理环境是相互影响和相互制约的,城市中的风、温度、湿度、降水、雾、日照等影响和制约着城市大气污染的浓度和时空分布。反过来,大气污染的实况也影响和制约着城市物理环境的各个要素,下面分别讨论几个主要特征。

3.4.4.1　阳伞效应

太阳辐射在穿越大气层到达地面的过程中,受到大气中污染物的吸收、散射和反射作用,使得其强度减弱,到达地面时辐射减少,其作用如同一把阳伞,这种效应叫做大气污染的"阳伞效应"。

阳伞效应对地面降温的作用很明显,阴雨天温度较低就是一个简单的例证,大气中的污染物浓度越高,阳伞效应就越强,城市区域的阳伞效应明显强于郊区。大气中除微粒本身的吸收、反射、散射作用外,有些吸湿性的微粒吸湿后形成雾和云,使得大气的透明度降低。有人认为,1940 年以后,尽管有 CO_2 温室效应,但世界平均气温反而降低,就是因为有大气污染的阳伞效应,减少了整个地球表面的净辐射的热量。

3.4.4.2　CO_2 温室效应

CO_2 气体是人类社会经济活动向大气中排放的主要废气之一,常温下 CO_2 是无色、无味、无毒的透明气体,它来自各种氧化过程中,包括各种矿石燃料的燃烧、食物的消化、物品的腐烂等。据统计,全世界每年向大气中排放的 CO_2 气体,包括自然过程和人类活动,大约有数亿万吨,已使得大气中的 CO_2 的浓度由 1860 年的 295×10^{-6},增加到 1958 年 313×10^{-6},1971 年的 326×10^{-6}。根据美国国家海洋和大气管理局(NOAA)莫纳罗亚气象台 2019 年的传感器监测结果,大气中的 CO_2 的浓度已经突破 415×10^{-6}。

所谓温室效应,是指玻璃等材料能够透过太阳短波辐射而不能透过长波辐射,造成局部气温升高的现象。温室效应是现代人类利用太阳能的主要理论依据之一。建筑中利用太阳能采暖的被动式太阳房、太阳能热水器、城市中的花房、农村的地膜和菜棚等,其原理都是利用温室效应。

大气中的 CO_2 气体对太阳光线的短波辐射几乎不吸收,但对长波辐射,特别是地表发射的波长在 $13 \sim 17~\mu m$ 范围内的长波辐射具有强烈的吸收能力,这使得地面辐射能够截留在大气边界层内,使边界层内的平均气温有所增高,这也是 CO_2 气体能够加剧温室效应的根本原理。

CO_2 温室效应对环境的影响主要表现在两个方面:一是在城市区域和人口密集的小区内提高了热岛效应的强度,恶化了城市环境和小区环境,这是学术界基本统一的观点,因为在城市和小区上空空气中的 CO_2 浓度要大大高于其他区域;二是关于对全球气温的影响,学术界多数人认为地表大气层中的 CO_2 浓度的不断提高会使地球表面逐渐变暖,进而会出现一些全球性的环境问题,如气候变化异常、南极冰帽融化、海平面增高、旱涝等自然灾害增多等。但学术界还有相当多的人认为,CO_2 浓度的提高会促进森林和农作物的生长,而绿化植物的生长又会稳定地表的气温。它是一种受反馈调节的过程,从而表明地表不会变暖。两派学术观点争论了多年,而实际发生的情况对两派似乎很公平,而又都不利——近 30 年自然灾害的次数确实增加了,但地表的平均气温比 20 世纪初还有所降低。随着科学技术的进一步发展,人们会更加明确 CO_2 温室效应对全球气候的影响。

3.4.4.3 酸雨

酸雨(acid rain)是酸性降水(acid precipitation,还包括酸性雪、酸性雹等)的一种。这种自然现象早在 1661 年的文献上已有记载,但作为独立研究的课题却只有将近 40 年的历史。由于酸雨出现的地区日益扩大,在欧洲现已遍及西欧,在北美洲已波及美国和加拿大的大片土地。从 20 世纪末开始,在我国重庆、南京和上海等许多大城市及其附近郊区,均先后发现酸雨,形成东南沿海、西南和华中三个酸雨区。在进入 21 世纪后,由于相关治理措施和法规相继出台,我国的酸雨城市比例、酸雨频率以及酸雨面积均略有下降。《2020 中国生态环境状况公报》显示,至 2020 年年底,酸雨区面积仍占国土面积的4.8%,防治形势依然严峻。在许多国家,如瑞典、挪威、美国、加拿大等,酸雨已造成严重的危害,成为 20 世纪 80 年代以来人类面临的重大环境问题之一,至今仍然广泛存在。

酸雨的形成与大气污染有密切关系。在不受污染的大气中形成的降水,其理论 pH 值低于 5.6 就定义为酸雨。酸雨的成因比较复杂,有些细节目前尚不清楚,但现在一致认为降水的酸性来源于大气中的 SO_2 和 NO_2。大气中的 SO_2 和 NO_x 在一系列复杂的化学反应之下,形成硫酸和硝酸,通过成雨过程(rain out)和冲刷过程(wash out)成为酸雨降落。

酸雨对植物的影响很大,据研究,酸雨能引起叶片坏死性损伤,冲掉叶片等处的养分等,使森林生长速率减慢,农作物减产,严重时甚至引起森林资源的破坏和农作物的死亡。但当酸雨的浓度不大时,可为植物提供硫、氮等基本营养元素和植物生产必需的某些微量元素,对碱性土壤有中和作用,还是从大气中消除污染物的最有效方式,这些都是在其酸度不强时对环境影响有利的一面。然而,酸雨会刺激人的咽喉和眼睛,对人体健康十分不利,对许多建筑物和露天设备有腐蚀作用。在酸雨强度大和频率高的地区,其造成各方面的危害相当严重。

3.4.5　大气环境标准

防治大气污染已成为当今世界各国的普遍任务。可以说,几乎每个人都可能加重大气污染,也可能在控制污染方面作出贡献,有关的工程技术人员自不待言。要防治大气污染,首先,应了解我国的大气环境标准。

3.4.5.1　大气环境质量标准

大气环境质量标准是国家或地区所属范围的大气环境污染物质容许浓度的法定限制,对企业、社会和公众都有法律效力,必须遵守和执行。同时常常有相关的法律或条例作为保障,对违反环境标准,恶化大气质量,危害人体健康和严重破坏生态平衡者,需要追究经济甚至法律上的责任。大气环境质量标准同时又是控制环境污染、评价环境质量及制定国家和地区大气污染物排放标准的依据。

大气环境质量标准是根据污染物的环境基准规定的污染物容许浓度而制定的。环境基准按污染物对人体危害和生态平衡的影响程度制定,如 SO_2,经过大量科学实验表明,SO_2 浓度为 $0.1\ mg/m^3$ 时,可以保障清洁适宜的生活劳动环境。从人的健康出发,这个限制不存在问题,然而,植物对 SO_2 较敏感,曾有证据显示平均浓度大于 $0.056\ mg/m^3$ 的 SO_2 能使森林的生长速度降低。因此为保护生态环境,自然保护区、风景游览区、名胜古迹和疗养地区,SO_2 的平均值可以定为 $0.02\ mg/m^3$。该限制有利于保护生态平衡和达到舒适美好的环境水平。$0.25\ mg/m^3$ 可以作为短期暴露限值,个别敏感者可能受到影响,但对绝大多数人群来说,无疑是安全的,如果将它做日平均值,再降低些当然更为理想。但是,这势必需要相应降低一次浓度和年平均值标准,这将要增加大量投资用于控制达到排放量,在经济上难以实施。$0.5\ mg/m^3$ 可以保障不出现烟雾事件和急性中毒,而慢性中毒可能增加,从许多资料得知,如果达到浓度大于 $0.7\ mg/m^3$,并伴有悬浮微粒协同作用人体,人将会开始发生死亡现象,类似 1952 年"伦敦烟雾"事件。但是一次浓度在这个限值以下,也可能使有呼吸道系统疾病的患者病情恶化。因此,对城市不同功能区(指工业区、商业区、居住区、清洁区)加以区划,如人口稠密的居住区,就不能采用这个限值,对清洁区可以采用 $0.25\ mg/m^3$,或更低的一次浓度指标。

2012 年,我国制定的《环境空气质量标准》(GB 3095—2012)将大气质量分为二级(表 3-4-6)。

表 3-4-6 环境空气污染物基本项目浓度限值表

污染物名称	浓度限值			单位
	取值时间	一级标准	二级标准	
总悬浮颗粒物（TSP）	年平均	80	200	$\mu g/m^3$
	24 h 平均	120	300	
颗粒物（≤10 μm）	年平均	40	70	$\mu g/m^3$
	24 h 平均	50	150	
颗粒物（≤2.5 μm）	年平均	15	35	$\mu g/m^3$
	24 h 平均	35	75	
二氧化硫（SO_2）	年平均	20	60	$\mu g/m^3$
	24 h 平均	50	150	
	1 h 平均	150	500	
二氧化氮（NO_2）	年平均	40	40	$\mu g/m^3$
	24 h 平均	80	80	
	1 h 平均	200	200	
氮氧化物（NO_X）	年平均	50	50	$\mu g/m^3$
	24 h 平均	100	100	
	1 h 平均	250	250	
一氧化碳（CO）	24 h 平均	4.00	4.00	mg/m^3
	1 h 平均	10.00	10.00	
臭氧（O_3）	日最大 8 h 平均	100	160	$\mu g/m^3$
	1 h 平均	160	200	

一级标准是为保护自然和人体健康,在长期接触情况下不发生任何危害影响的空气质量标准。

二级标准是为保护人群健康和城市、乡村的动植物在长期和短期接触情况下不发生伤害的空气质量要求。

根据各地区的地理、气候、生态、政治、经济等情况和大气污染程度将大气质量保护区划分为二类。

第一类区,为国家所规定的自然保护区、风景名胜区和其他需要特殊保护的地区,执行一级标准;第二类区,为居住区、商业交通居民混合区、文化区、工业区和农村地区,执行二级标准。

各级标准由地方确定其达标期限,并制定实现规划。二级标准为任何大气环境必须达到的基础标准。

3.4.5.2 大气污染物排放标准

一个城市或一个地区大气受到污染,大气质量就要向坏的方向变化。大气污染是污染源排出污染物造成的。为了实现大气环境质量标准的目标,就必须对污染源排放数量或浓度做出限制,因此,需要制定大气污染物排放标准,以法律规定污染物的允许排放量或浓度。

1973 年,我国曾颁布《工业企业三废排放试行标准》(GBJ 4—73)(现已作废)对 13 类有害物质的排放规定标准,对于不同烟囱高度规定排放量或浓度。在当时的社会背景下,该标准自颁布实施之后,对控制我国大气污染起到良好的效果。表 3-4-7 是各地区锅炉烟尘排放标准(摘自《锅炉大气污染物排放标准》GB 13271—2014)。

表 3-4-7　锅炉大气污染物排放限值

类别	污染物名称	排放监控位置	排放标准(mg/m³)		
			燃煤锅炉	燃油锅炉	燃气锅炉
在用锅炉	颗粒物	烟囱或烟道	80	60	30
	二氧化硫(SO_2)		400	300	100
	氮氧化物(NO_x)		400 或 550①	400	400
	汞及其化合物(HgX)		0.05	—	—
	烟气黑度	烟囱排放口	(林格曼黑度)≤1 级		
新建锅炉	颗粒物	烟囱或烟道	50	30	20
	二氧化硫(SO_2)		300	200	50
	氮氧化物(NO_x)		300	250	200
	汞及其化合物(HgX)		0.05		
	烟气黑度	烟囱排放口	(林格曼黑度)≤1 级		
重点地区锅炉	颗粒物	烟囱或烟道	30	30	20
	二氧化硫(SO_2)		200	100	50
	氮氧化物(NO_x)		200	200	150
	汞及其化合物(HgX)		0.05	—	—
	烟气黑度	烟囱排放口	(林格曼黑度)≤1 级		

注:① 位于广西壮族自治区、贵州省、四川省和重庆市的燃煤锅炉执行该限值。

3.4.6　控制大气环境污染的规划设计原则

控制城市环境大气污染,可以采取很多措施,如改变燃料结构,采用新式锅炉和工艺,采取高效和消烟除尘措施,还有通过合理布置建设用地,在城市建设的各个阶段都充分考虑环境问题等方法,后两种方法与本书有密切的关系。在城市规划、小区规划及建筑和总图设计中,在综合考虑了气候特征、水文地质特征、建设规模等因素的基础上,为控制和减轻大气环境污染,还应掌握下面几条原则。

3.4.6.1　选择合理风象污染指标

所谓风象,指一个地区风向、风频和风速的综合指标。风向、风频和风速对防止大气环境污染有重要意义,必须考虑它们的综合影响。若仅按主导风向原则进行城市规划和建筑设计,除了与我国许多地区的风向分布的实际不符外,还有一个严重的失误,就是仅仅考虑了风向和风频而未考虑风速的影响。例如,某地区西北风的风频为 30%,平均风速为 4 m/s,而东风的风频为 25%,平均风速为 3 m/s,那么能否认为频率较大的西北风下风侧污染就比东风下风侧污染严重呢？显然是不能的。为此,国内外研究与工程技术人员提出了数种综合考虑风对污染影响的参数——风象污染指标,下面简单介绍几种。

（1）污染系数

一个地区某一方向（一般共有 8 个方向或 16 个方向）的污染系数,是指该地区风向频率与平均风速的比值,即式（3-8）:

$$p_{i=}\frac{f_i}{u_i} \quad (i=1, 2, \cdots, 8, 16) \tag{3-8}$$

式中：p_i——第 i 方向的污染系数;

　　　f_i——第 i 方向的风向频率;

　　　u_i——第 i 方向的平均风速（m/s）。

求出每个方向的 p 值,以 p 代替 f_i 进行规划布局,可以更好地控制大气环境污染。

关于式（3-8）中 f_i 和 u_i 的值选取最近 5 年的统计平均值。

表 3-4-8 是某城镇的风象分析表。污染系数小,表示该方位下风侧污染轻,故污染工业区应在该城镇的西部,居住区布置在东部。

表 3-4-8　某城市风象分析表

项目名称	风　向									全年平均
	N	NE	E	SE	S	SW	W	NW	C	
风向频率(%)	16	9	3	6	15	13	4	11	22	—
平均风速(m/s)	3.2	2.4	1.5	1.9	2.6	2.6	3.5	4.1	0	2.6
污染系数	5	3.8	2	3.2	5.8	5	1.1	2.7	8	—
污染风频(%)	14.2	9.4	3.7	6.0	15	13	3 4	6.9	44	—

（2）污染风频

污染系数概念是从苏联引进的,它虽比不考虑风速对大气污染的影响前进了一步,但还很不完善。一是量纲不对,二是静风时污染系数为无限大,与实际不符。杨吾扬先生等对污染系数的定义式进行了修正,提出了新的风象污染指标——污染风频。一个地区某方向的污染风频由式（3-9）表示:

$$f_{pi}=f_i \cdot \frac{2u_0}{u_0+u_i} \tag{3-9}$$

式中：f_{pi}——第 i 方向的污染风频;

　　　f_i——第 i 方向的风向频率;

　　　u_i——第 i 方向的平均风速（m/s）;

　　　u_0——该地区各方向平均风速（m/s）。

上面参数取值方法与污染系数的取值方法相同。

（3）风向频率

有关专家认为,平均风速是一个抽象概念,大气污染程度是依实际风速变化的,例如 1~2 m/s 的微风、小风极易产生污染,对环境来说属于危险风速;而 7~8 m/s 以上的风速产生大气污染的可能性极少,可忽略不计,如果将上述两种意义相差悬殊的数字加以平均,很可能掩盖环境污染的真相,因而提出了按实际风速绘制风向频率图的见解。其方法是,采用多年气象统计资料,将风速分为 8 个等级(静风除外),1~7 m/s 的风速每递增 1 m/s 为一个等级,大于或等于 8 m/s 的风速为最后一级,然后按 16 个方位(或 8 个方位),分别统计每个方位每级风速出现的频率,并将数据标在有坐标的图上,用类似绘制等高线的办法将频率相同的点连成封闭曲线,便得出风向频率图。

按风速级绘制的风向频率图比一般风向玫瑰图更为直观。

在工程具体使用时,可以计算出每个方向每级风速下的污染风频值,然后将每个方向的污染风频值叠加得出各方位的 f_{pi},再按前述方法进行城市功能区的布置。表 3-4-9 是芜湖市风向频率表。

表 3-4-9　芜湖市风向频率(%)

风向	风速(m/s)							
	1	2	3	4	5	6	7	≥8
N	0.9	2	1.5	1	0.6	0.3	0.2	0.19
NNE	0.61	1.4	1	0.6	0.3	0.14	0.1	0.09
NE	1.4	3.7	2.7	1.6	0.86	0.4	0.3	0.2
ENE	1.3	3.4	2.7	2.2	1.1	0.6	0.4	0.2
E	2.4	5.8	4.8	3	1.9	0.8	0.6	0.2
ESE	1.2	2.2	1.4	0.96	0.6	0.2	0.99	0.6
SE	1.5	2.4	1.4	0.6	0.5	0.2	0.5	0
SSE	0.75	0.98	0.4	0.1	0.5	0.02	0	0
S	0.97	1.4	1.6	0.2	0.07	0.02	0	0
SSW	0.5	0.8	0.4	0.2	0.04	0	0	0
SW	0.97	1.8	1.2	0.7	0.23	0.13	0.16	0.09
WSW	0.5	1.3	0.9	0.6	0.4	0.2	0.2	0.1
W	0.8	1.8	1.4	1	0.68	0.33	0.24	0.14
WNW	0.32	0	0.7	0.4	0.3	0.1	0	0
NW	0.97	1.2	1.2	0.7	0.5	0.2	0.2	0.1
NNW	0.3	0.8	0.6	0.4	0.2	0.07	0.08	0.04

（4）污染概率

在污染源排放量不变的情况下,污染物排入大气后能否造成大气环境污染,除与风有关外,还与大气稳定度、降水强度、大气热力湍流等因素有关,因此提出以污染概率这一新物理概念代替前述风向污染指标。在确定一个地区不同方位的污染概率时,先确定每个方位的污染指数:

$$I_i = \frac{S \cdot p_r}{u \cdot h} \tag{3-10}$$

式中:I_i——风的污染指数;

$\qquad S$——大气稳定度相对值;

$\qquad p_r$——降水量相对值;

$\qquad u$——风速相对值;

$\qquad h$——湍流混合层厚度相对值。

显然,I_i亦为一无量纲的相对值,在源强不变条件下,I_i值越大表示污染越严重。式(3-10)中各量可查表 3-4-10、表 3-4-11、表 3-4-12 来确定。

表 3-4-10　大气稳定度的相对值

稳定度等级	A	A~B	B	B~C	C	C~D	D	D~E	E
相对值	1	1.5	2	2.5	3	3.5	4	4.5	5

表 3-4-11　不同降水强度下降水的相对值

降水强度(mm/12 h)	0	0.1~4.9	5~14.9	>15
相对值	1	0.3	0.2	0.1

表 3-4-12　不同风速下污染物输送扩散速度的相对值

	晴—多云(云量 0~7)或风速<6 m/s		阴天(云量 8~10)或风速>6 m/s
季节	白昼	夜间	白昼—夜间
夏	6	3	4.5
春、秋	4	2	3
冬	2	1	1.55

注:云量指云块占据天空的比例,万里无云的天气记为 0,遮蔽一半天空记为 5,完全遮蔽时记为 10,均记为正数。

混合层厚度与大气污染程度成反比,并且随着季节、昼夜不同而变化。据国外研究表明,城市混合层厚度一般是白天比夜间约大 1 倍,夏季比冬季约大 2 倍,风速大于 6 m/s 或阴天(云量 8~10)时,白天混合层比晴天多云、风速小于 6 m/s 时略低,夜间略高。

关于地面风速值的确定,除了可以采取仪器测量和查表等方法外,还可能采取观测方法。

通常式(3-10)中用气象台站定时观测的云量(采用总云量)、风向、风速、降水量和降水起讫时间的记录值计算,这些记录值可以从地面气象观测月报表中查取,采用卡片计算。

每张卡片计算出 I_i 值。I_i 值的大小就表明在每次观测时的天气条件下,可能出现污染的污染程度表达值。根据北京、呼和浩特和长沙 1978 年的资料统计分析,凡出现降水时,I 值一般很小,最大值不超过 0.80。因此将 $I<0.80$ 归于大气清洁类型,$I>0.80$ 归于大气污染类型。利用各风向的所有污染指数数值,按式(3-11)即可计算出各风向的污染概率:

$$F_i = \frac{\sum\limits_{i}^{n} I'_i}{\sum\limits_{I}^{N} I'} \cdot 100\% \qquad (3\text{-}11)$$

式中:F_i——污染概率,i 为风向,分 16 个方位;

$\quad$ I'——I 值大于 0.80 的污染指数;

$\quad$ n——某一风向 $I>0.80$ 出现的次数;

$\quad$ N——各风向 $I>0.80$ 出现的次数总和。

污染概率的优点在于它把不造成大气污染那部分风除去,单考虑可能造成大气污染的那部分风。同时,不仅仅考虑每一风向可能造成大气污染的风的频率,而且也考虑到每个风向可能出现污染的程度。

3.4.6.2　正确处理地形、地物与污染的关系

山间盆地全年静风、小风多,且常发生地形逆温和辐射逆温。逆温强度远大于平原,不利于气体向外扩散。美国的密契尔电厂(装机容量 160 万 kW),厂区周围有相对高度为 200 m 的山丘,盆地内有居民区,如果采用低的烟囱,则一方面烟流总是被周围山丘围在盆地以内。另一方面受到逆温层的"盖子"压住,也不能向高空排出。于是,采用了 360 m 高的大烟囱。这样一来,烟囱出口高出逆温层顶和周围山丘,能顺利地向外扩散烟流。显然,周围山丘较高的盆地,是不适合设置有污染的工厂的。

沿海地区或大型内陆水域周边地区,因有海(湖)陆风形成的日变型局地环流。在规划中应注意不要采用图 3-4-1(a)所示布局,因为将污染源与居住区二者平行沿海岸布置,势必受海风影响而造成对居住区的污染。

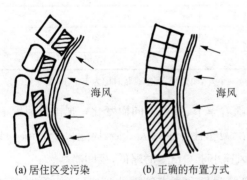

(a) 居住区受污染　　(b) 正确的布置方式

图 3-4-1　沿海地区居住区布置方式

日本将其大部分工业沿海岸线布置,这当然有许多好处,但与此同时在与海相对的山坡地处的商业及居住区,受到严重污染。如果采用图 3-4-1(b)的布置方式,则因海陆风总是大体上垂直于海岸线方向,是不会形成污染的。

当山丘一侧(图 3-4-2 中的 C 点)已有居住或其他生活区时,在另一侧建造有污染的工业,就必须考虑烟流在经过山丘后,恰好在居住区形成下旋涡流,所可能带来的污染。

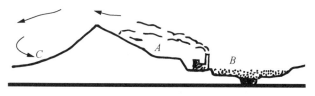

图 3-4-2　山丘一侧对另一侧的污染

烟囱高度与其周围建筑物或其他地物的关系,对烟气扩散有直接影响。一般地说,在烟囱高度的 20 倍以内,不应布置高大建筑。我国规定烟囱的高度不得低于其附属建筑高度的 1.5～2.5 倍。有资料表明,当烟囱高度超过其近旁建筑物高度的 2.5 倍时,烟气的扩散就不会受到近旁建筑造成的涡流影响,不会造成烟气下沉污染。反之,如烟囱不够高,就会像图 3-4-3(a)所示那样,产生污染。

由于同样的理由,在地形起伏的丘陵地,如果周围大约 2 km 范围内的地形没有高过烟囱顶部的,那么一般地说,烟气是能顺利地扩散的。反之,则也会产生如图 3-4-3(b)所示的倒灌式污染。

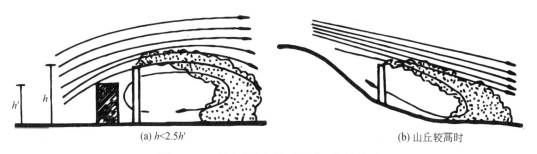

(a) $h < 2.5h'$　　　　　　　　(b) 山丘较高时

图 3-4-3　烟囱高度与附近地形地物的关系

3.4.6.3　加强城市绿化建设

城市绿化是城市建设中的一个重要的组成部分。绿地改变了城市下垫面的性质,因此,它在改善城市气候条件、保护环境上起着很大的作用。在进行城市园林绿地系统规划时,又必须参考当地城市气候特征,因地制宜,才能取得良好的效果。

1) 城市绿化的功能

(1) 净化大气环境

城市空气中 CO_2 浓度较大时,对人体健康不利。植物在光合作用时,吸收空气中的 CO_2 和土壤中的水分,合成葡萄糖,并释放 O_2。植物的呼吸作用也要吸收 O_2,排出 CO_2。但是植物的光合作用要比植物的呼吸作用大 20 倍,因此植物是大气中 CO_2 的天然消费者和 O_2 的制造者。对城市居民来说,平均每人 10 m² 的林木面积,就能得到充足

的 O_2 供应,并足以清除呼吸产生的 CO_2。

树木还可以通过叶片的气孔和枝条上的废孔吸收有害气体,积累于某一器官内,或由根系排出体外。许多树木对 SO_2 和 HF 等就有吸收净化作用,如柳树、悬铃木、广玉兰、桂花、茶花、香樟、大叶黄杨和美人蕉等都具有较强的吸硫能力。

树木枝叶茂密,其叶片面积加起来超过竖向占地面积的 6 070 倍。一般叶片、树枝表面比较粗糙,有的叶面还有茸毛,能阻滞、过滤和吸附空气中的烟尘。据测定,绿地中的空气含尘量比街道上少 $1/3\sim2/3$,铺草皮的足球场比未铺草皮的足球场其上空气含尘量减少 $2/3\sim/5/6$。树木犹如空气的过滤器,使混浊的空气得到净化。绿地的过滤作用,也因树木品种不同而有很大的差异,一般以叶大、叶面粗糙、多毛而带有黏性者最好,如榆树的净尘力比杨树高 5 倍。

(2) 改善城市小气候

城市绿化对改善城市小气候条件起着十分显著的作用,能调节气温、增加空气湿度、减低风速,对人体舒适十分有利。

绿化地带,特别是树木,夏季能使气温降低,冬季则使其略有升高,并可以增加空气湿度。植物吸收的水分中只有少量用于自身生长,高达 $97\%\sim99.5\%$ 的水分因蒸腾作用而散失。植物的蒸腾作用可以大大改善干热城市的空气湿度和降低气温。此外,在夏季,绿化地带也有明显的遮阳作用。草地上的草可以遮挡 80% 左右的太阳光线,茂盛的树木能挡住 $50\%\sim90\%$ 的太阳辐射热。

城市绿化还可以减低气流速度。在绿树丛中,即使林外风速很大,林内还是相当平静的。这是因为气流进入树丛时,由于与树干、树枝和树叶的摩擦,消耗了动能,风速因之锐减。

绿化地带不仅能减低风速,还能促使空气对流。如前所述,大片绿地和周围无树空地之间是有一定温差的。当天气形势平静无风,这种气温梯度能导致一定的气压梯度。绿化地带的较冷空气可以 1 m/s 的速度流向非绿化地区,产生局部小环流。在夏季,这种微风使城市居民轻松凉爽。

(3) 改善城市声环境

绿化地带对噪声具有较强的吸收和遮挡能力,加强绿化建设可以大大降低城市的噪声污染。城市绿化还有防风沙、促降水、防水灾、降低放射性污染等许多功能,并且具有观赏性和经济价值等,可以说绿化建设是“有百益无一害”的建设。

2) 发展城市卫生防护林带

关于城市园林绿地的分类、定额指标及规划布置方法,请参考《城市规划原理》等课程。这里,从控制城市大气环境污染的角度讨论卫生防护林带的布置和设计。

烟囱下风侧污染的最大浓度一般出现在有效高度的 $10\sim15$ 倍远的地方。由于卫生防护林带是靠林带内特殊的树和立体化的布置方式对有害气体、烟尘污染的吸收、阻滞作用来控制和减轻大气环境污染,所以在污染浓度最大区域,设置防护林带将是最必要、最有效的措施,如图 3-4-4(a)所示。

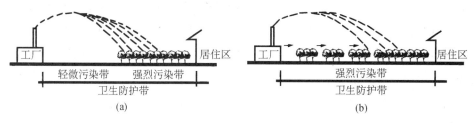

图 3-4-4　工业卫生防护地带绿地的布置方式

如果除了烟囱排放烟尘外,同时还有直接从厂区散发出来的污染物,如图 3-4-4 (b)中水平箭头指示方向扩散,则应采取疏密结合或由疏到密的绿地结构。我国现行的卫生防护地带设计规范按工业性质和规模,分为 1 000 m、500 m、300 m、100 m、50 m 共 5 级。在城市布局中采用的等级,防护带中绿地的布置,要因地制宜,必须视工业区的性质、规模、排放特点、地形、城市中用地状况等具体条件而定。

在地形复杂的丘陵河谷地区,利用山脊、河流等天然屏障作防护带。还要求因地制宜布置,不要盲目植树造林,否则会加剧有害气体聚积的危险,非但起不到防护作用,反而加重居住区的污染。有些城市因为用地紧张,而必须设置防护带时,为了有效利用土地,在防护带内可布置一些不怕污染的项目,如仓库、小型无害工业、不受大气污染影响的农作物等。

3) 发展区域供热和集中采暖

发展区域供热和集中采暖,对防治大气污染亦具有很好的效果。过去城市里家家户户做饭、取暖都使用炉灶,规模虽小,但数量众多,是不可忽视的大气污染源。与大型锅炉相比,小炉灶耗能大,热效率低,排放的烟尘量多。据研究,同是 1 t 煤,在分散的小炉灶中使用比在集中的大型锅炉中使用,产生的烟尘量多 1~2 倍,飘尘多 3~4 倍。加之小炉灶的烟囱低,烟尘就近散落在居住区内,更加剧了空气污染。采用区域供热,取代小型的分散炉灶,即在一个较大的区域范围内,利用集中的热源,向周围的工厂、住宅、公共建筑供应生产、生活采暖用热,不仅可减轻大气污染,而且还便于采用先进技术除尘、脱硫,合理使用燃料,提高热效率,节约能源。近年来,国内外区域供热得到较快的发展,1989 年,全欧洲区域供热的普及率占住宅总数的 40%~70%,公共建筑占 90%以上。我国东北、华北的部分城市的实践中,也证明区域供热、集中采暖具有节省燃料、消除烟尘的良好效果。目前,在我国许多地区都颁布了推广集中供热的政策和法规,并带有强制性的限制分散锅炉的设置。

发展区域供热必须因地制宜,根据城市的性质、规模、气候特点、燃料结构等条件采取相应的措施。区域供热通常有两种方式,一种是配合工业对电、热、汽的要求,在城市边缘或负荷中心建立热电厂,利用发电以后的乏汽,供工厂、居住区使用。例如,莫斯科市有大小热电厂 11 座,向 2 万余栋建筑和 200 个工厂供热;1949 年后,北京市分别在东、西城区边缘建设了 2 座大型热电厂,计划供热面积 1 200 万 m^2,相当于当时全市建筑面积 1/7 左右。另一种方式是在新建的居住小区或规模较大的机关、团体、党校建立中心锅炉房,采用效率高、有除尘设备的大型锅炉,向成片住户供暖。一般地说,城市楼房比重大,城市布局集中紧凑,对区域供热、集中供暖较为有利。近年来,中深层地热采暖等技术的出现也进一步降低了集中供暖造成的大气污染。至于居民日常生火做饭等燃烧方式,随着石油、天然气工业的进一步发展,采用污染轻的天然气、石油液化气、煤气,取代煤炭作为家庭生活燃料,已成为一种普遍现象。

3.4.7　大气环境污染的治理成果

我国工业化程度不断提高的过程中,大气污染一度越演越烈,部分城市出现了较为严重的雾霾天气。这种情况属于大气污染的直接结果,不仅会影响城市居民的正常出行与身体健康,长期雾霾的天气也会对人的心理健康产生负面影响,因此大气污染的治理成为社会关注的重点问题之一。

针对这些问题,我国采取了一系列措施对大气污染问题进行系统化整治,包括以下方面。

调整能源结构,加大可再生能源在能源结构中的比例。根据国家电网数据,2020 年可再生能源使用占比超过 15%,中国成为世界上清洁能源规模最大、发展最快的国家。

注重产业发展与环境可持续之间的平衡问题,加快产业结构升级,加大技术研发在产业结构中的占比。

强化尾气排放管理,大力支持新能源汽车,增强公共交通的便捷性与可达性。

加强生态环境建设,植树造林、退耕还林等工作顺利开展,"绿水青山就是金山银山"的观念已经深入人心。

在农村也同时推进相关环境改造措施,将秸秆用于生物能源利用,避免大面积燃烧秸秆。

在有条件的农村地区推行集中供暖,跨区域联动管理城市及周边农村,促进地区大气环境整体提升。

近些年来,在不断努力下,我国的大气治理取得了显著成果。国务院 2013 年发布的《大气污染防治行动计划》是大气污染防治中的里程碑式文件。在中央及各级地方政府的努力下,2013 至 2017 年间,全国空气中 $PM_{2.5}$ 平均浓度下降 1/3,SO_2 平均浓度下降 54%,CO 平均浓度下降 28%。在浙江省杭州市举行的 2019 年世界环境日全球主场活动上,生态环境部发布的《中国空气质量改善报告(2013—2018 年)》显示,2013 年以来,我国在经济持续增长、能源消费量持续增加的情况下,环境空气质量总体改善。首批实施《环境空气质量标准》(GB 3095—2012)的 74 个城市,$PM_{2.5}$ 平均浓度下降 42%，SO_2 平均浓度下降 68%，其他多项大气污染物浓度也实现了大幅下降。北京、上海、广州、兰州等城市在治理过程中积累了一定的宝贵经验，并在全国范围推广。

虽然大气治理取得了阶段性成果，但大气污染形势依然严峻。截至 2019 年，中国尚有六成以上的城市 $PM_{2.5}$ 年均浓度仍未达到《环境空气质量标准》要求（35 $\mu g/m^3$），与世界卫生组织 1 $\mu g/m^3$ 的准则值还存在差距，大气污染治理还需继续坚持和推进。

3.5　区域环境质量评价

环境质量评价是随着对保护环境重要性的认识的不断加深而提出的新概念。所谓环境质量评价，是指采用数量化的手段对环境要素进行分析，综合客观存在和主观反映及相互影响等因素，对环境进行定量描述。环境质量评价按地域、要素、时间等可分为很多种类，区域环境质量评价是其中一大类。

环境质量评价是认识环境的一种科学方法。在发达国家，虽然早已遇到环境污染问题，但在 20 世纪 60 年代末以前，人们还没有认识到环境问题是一个整体性的综合问题，因而采取"头痛医头、脚痛医脚"式的处理方式，不但效果不大，污染反而加重。因此，需要从整体上了解环境的状况。

改善环境、保护环境的基础是首先要认识环境，在对环境充分了解之后，可以通过模拟分析，预测后期的环境质量状况，此时，就需要采用环境质量评价的方法对整体环境进行评估。《中华人民共和国环境保护法》中规定，在进行新建、改建和扩建时，必须提出对环境影响的报告书。在《城市规划条例》中，也规定了城市总图规划必须包括城市环境质量评价图。近年来，我国全面开展了环境评价工作，几乎所有的城市规划中都有了环境质量评价图，所有的大中型建设项目都预先进行了环境影响评价。如著名的长江三峡工程就经过了多次反复论证才做结论，其原因之一就是对大坝建起后自然环境和区域性气候影响的预测上存在分歧意见。可见，无论从法令条例还是从实际操作过程，环境质量评价都被摆到了越来越重要的地位上，起着越来越重要的作用。

3.5.1　环境质量评价的分类

按分类依据的不同，环境质量评价可分为以下四大类：

按发展阶段分类。环境质量回顾评价；环境质量现状评价；环境影响评价（预断评价）。

按环境要素分类。大气质量评价；环境噪声评价；生物质量评价等。

按区域类型分类。城市环境质量评价；风景区环境质量评价；工业区环境质量评价等；建设项目环境影响评价。

按对象不同分类。人居环境质量评价;自然植被环境质量评价;水体质量评价等。

本节主要介绍的是按区域类型分类的环境质量评价,对于区域环境质量的现状评价,其目的在于通过调查、分析,了解环境污染的现状,并找出造成污染的原因和机理,进而做出评价;而影响评价是根据污染源和环境要素的变化,通过模拟实验和数值计算,预测污染浓度在时空方面的可能变化,达到指导现时污染物排放的目的,并控制环境质量在未来的发展变化趋势。

3.5.2 区域环境质量评价的步骤

1) 背景调查

背景调查的内容包括区域环境要素的分布状况,主要指水文、地质、地貌、气候等自然条件以及风俗、生活习惯等社会因素。

2) 污染源调查

污染源调查主要指弄清污染源的位置、性质和数目,污染源排放污染物的种类、排放量等。对于区域环境质量影响评价可利用现有的资料和设计图纸确定。

3) 确定污染物的浓度和分布

采用检测或模拟计算的方法可以确定污染物的浓度和分布。对于现状评价来说,必须通过检测的手段,而影响评价则可在现有资料的基础上进行模拟分析。这一步正是环境质量评价的关键,不仅工作量大,而且对于其准确度要求高。如果污染物的浓度值误差较大,直接影响评价结果的可靠度。

4) 选择评价参数

要对环境质量做出正确评价,就要找出最具代表性的、直接的、明确的评价指标和参数,这要和上面确定污染物浓度分布同步进行,对于不同的评价对象和目的,评价参数往往不同。如在城市可确定以风污染、声污染、光污染为参数,对其指标再进行细分。而在农村郊区,可以以水体污染、土壤污染为主要影响参数。

5) 确定评价参数的加权系数

由于评价所选择的参数对环境影响程度大小不同,不同的污染物对人体健康和生物的危害程度不同,所以针对不同参数进行加权处理,得出一个可以彼此比较的值,确定方式可根据经验,也可采用调查询问的方法。

6) 确定环境质量指数

(1) 确定单项环境要素的质量指数 Q_i

$$Q_i = \sum_{i=1}^{m} W_i \cdot P_i \tag{3-12}$$

$$P_i = C_i / CB_i$$

式中:W_i——第 i 项参数的权系数;

P_i——第 i 项参数的污染指数，$P_i = C_i/CB_i$；

C_i——第 i 项参数的浓度值；

CB_i——第 i 项参数的标准浓度值。

（2）确定环境综合评价质量指数 Q_j

$$Q_j = \sum_{j=1}^{m} W_j \cdot P_j \tag{3-13}$$

式中：W_j——第 j 项单项环境要素系数；

Q_j——第 j 项单项环境要素质量指数。

7）编制环境质量评价报告

环境质量评价报告可以形象且定量化地表示一个地区环境的质量状况，包括图表和文本两种形式。

（1）评价图表

环境质量评价图表既可以是单项环境要素评价图，也可以是综合质量评价图。编制大致分为下面几步。

① 环境指数分级图

通常将环境质量指数在可能取值范围内划分为若干个数值段，每一段代表一级，分为 4～6 个级别。

② 画出网格平面图

将所评价地区按一定比例绘制成平面图，并按适当的大小分成网格，每一网格代表一个区域单元。

③ 绘制评价图

注明每一网格所处环境质量指数级，然后将处在相同级别的网格涂上相同颜色，其他不同级别的分别涂上不同的颜色，以示区别。这样就绘出了该地区环境质量评价图。图上既可以是单项环境要素，也可以是综合评价，可以按绝对值也可以按相对值。

（2）文本报告

环境质量评价报告一般应包括以下内容：

① 现状、污染源分析；

② 污染源分布以及量化情况（如浓度）；

③ 具有较强针对性的建议，提出相应的解决方法；

④ 进行必要的经济性分析。

3.5.3　区域环境质量评价方法

区域环境质量评价的具体操作方法可由图 3-5-1 表示。

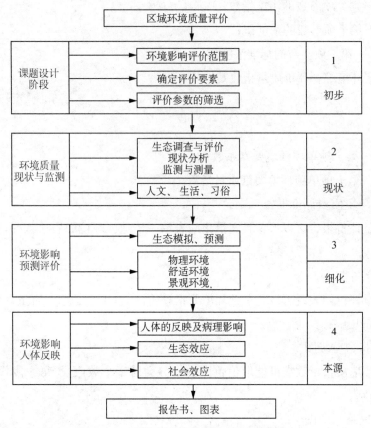

图 3-5-1　区域环境质量评价的具体操作方法

3.5.4　建设项目环境影响评价

　　基本建设项目环境影响评价,是从保护城市乃至整个自然环境的目的出发,对基本建设项目进行可行性研究,通过综合评价、论证和选择最佳方案,使之达到布局合理,对自然环境的有害影响较小,使环境造成的污染和其他公害得到控制。一般来说,下列基本建设项目必须进行环境影响评价。

　　——一切对自然环境产生影响或排放污染物对周围环境质量产生影响的大中型工业基本建设项目。

　　——一切对自然和生态平衡产生影响的大中型水利枢纽、矿山、港口和铁路交通等基本建设项目。

　　——大面积开垦荒地、围湖围海和采伐森林的基本建设项目。

　　——对珍稀野生动物、野生植物等资源的生存和发展产生严重影响,甚至造成绝灭危险的大中型基本建设项目。

　　——对各种生态类型的自然保护区和有重要科学价值的特殊地质、地貌地区产生严重影响的基本建设项目。

　　对以上范围内的基建项目,在进行了环境影响评价后,必须提交《环境影响报告书》。

《环境影响报告书》的基本内容包括下列几个方面。

（1）建设项目的一般情况

① 建设项目名称、建设性质；

② 建设项目地点；

③ 建设规模（扩建项目应该说明原有规模）；

④ 产品方案和主要工艺方法；

⑤ 主要原料、燃料、水的用量和来源；

⑥ 废水、废气、废渣、粉尘放射性废物等的种类、排放量和排放方式；

⑦ 废弃物回收利用、综合利用和污染物处理方案、设施和主要工艺原则；

⑧ 职工人数和生活区布局；

⑨ 占地面积和土地利用情况；

⑩ 发展规划。

（2）建设项目周围地区的环境状况

① 建设项目的地理位置（附位置平面图）；

② 周围地区地形地貌和地质情况，江河湖海和水文情况，气象情况；

③ 周围地区矿藏、森林、草原、水产和野生动物、野生植物等自然资源情况；

④ 周围地区的自然保护区、风景游览区、名胜古迹、温泉、疗养区以及重要政治文化设施情况；

⑤ 周围地区现有工矿企业分布情况；

⑥ 周围地区的生活居住分布情况和人口密集、地方病等情况；

⑦ 周围地区大气、水的环境质量状况。

（3）建设项目对周围地区的环境影响

① 对周围地区的地质、水文、气象可能产生的影响，防范和减少这种影响的措施，最终不可避免的影响；

② 对周围地区自然资源可能产生的影响，防范和减少这种影响的措施，最终不可避免的影响；

③ 对周围地区自然保护区等可能产生的影响，防范和减少这种影响的措施，最终不可避免的影响；

④ 各种污染物最终排放量，对周围大气、水、土壤的环境质量的影响范围和程度；

⑤ 噪声、震动等周围生活居住区的影响范围和程度；

⑥ 绿化措施，包括防护地带的防护林和建设区域的绿化；

⑦ 专项环境保护措施的投资估算。

3.5.5 国外相关绿色环境评价体系简介

近年来，随着生态问题、环境问题逐步被世人所重视，生态建筑、绿色建筑、可持续建筑作为一种新的建筑类别得到了长足的发展,生态城市、绿色城区、可持续社区等理念也在城市和街区的规划和建设中得以体现。生态城市和绿色建筑的实践毫无疑问是一项高度复杂的系统工程,不仅需要建筑师、规划师具有生态环保的理念,并采取相应的设计方法,还需要管理层、业主都具有较强的环保意识,这种多层次合作关系的介入,需要在整个过程中确立明确的评价和认证系统,以定量的方式检测建筑和规划设计生态目标所达到的效果。

近30年来,一些发达国家相继推出了各自不同的环境评价方法,本节简要介绍几部影响力较广的评价体系。

3.5.5.1 英国建筑研究组织环境评价法(BREEAM)

英国建筑研究组织环境评价法是由英国建筑研究组织(BRE)和一些私人部门的研究者最早于1990年共同制定的,是一项国际计划,为独立建筑、社区和基础设施项目的可持续性绩效评估提供独立的第三方认证,以期减少建筑对全球和地区环境的负面影响。从1990年至今,BREEAM已经发行了4个版本,最新版的内容涵盖了新建建筑(New Construction)、社区(Community)、基础设施(Infrastructure)、运行(In-use)和翻新与装修(Refurbishment and Fit-out)以及针对全球使用者的国际版本(BREEANM International)。

BREEAM是为建筑所有者、设计者和使用者设计的评价体系,以评判建筑在其整个寿命周期中,包含从建筑设计开始阶段的选址、设计、施工、使用、整修直至最终废除所有阶段的环境性能。BREEAM遵循"因地制宜、平衡效益"的核心理念,通过对一系列对全球、区域、场地、建筑和室内环境的影响进行评价,最终给予建筑环境标志认证。

BREEAM的评价方法是在从能源到生态的一系列评价条目中衡量项目的可持续价值。所有评价条目都涉及一些有影响力的因素,包括低影响设计和减少碳排放、设计耐久性和弹性、适应气候变化、生态价值和生物多样性保护等。每个条目都细分为一系列评估问题,每个评估问题都有自己的目的、目标和基准。当项目达到由BREEAM评估员确定的目标或基准时即可得分,然后根据获得的分数及其类别权重计算类别分数,最终的性能等级将由加权类别得分的总和来确定。其中,评价条目包括以下方面。

(1)管理:管理措施、性能验证、场地管理和采购管理;

(2)健康和舒适:室内外的相关因素(噪声、光照、空气质量等);

(3)能量:运行能耗和二氧化碳排放;

(4)交通:有关场地选址与规划,以及运输时二氧化碳的排放;

(5)水:消耗和渗漏问题,节水性能;

(6)材料:建筑材料对环境的隐性影响,如材料在建筑全生命周期中的碳排放计算;

(7)土地使用与生态:场地类型与建筑足迹,场地的生态价值;

(8)污染:(除CO_2外的)空气和水污染;

(9) 垃圾：建筑垃圾、生活垃圾的循环利用。

2009 年，BREEAM 评价体系颁布了有关社区的标准，将 BREEAM 的评价范围从建筑尺度向城区尺度进行了扩展，体现了措施评价为主、综合权重和灵活性强的特点。社区标准的理论支撑主要包括可持续发展、生态学、全生命周期 LCA 理论以及可持续建筑环境守则，评价内容关注经济发展和社会福利、资源与能源，以及城市化后期的公平正义等社会问题。社区标准适用于社区及以上的规模，主要评价指标内容包括气候与能源、资源、交通、生态、商业、社区、场所塑造、建筑和创新等方面，分类指标数量为 52 个，涵盖城市、社区和相关建筑等层面。

自 1990 年首次实施以来，BREEAM 系统得到不断完善和扩展，可操作性大大提高，基本适应了市场化的要求，截至 2020 年已经评估了 88 个国家和地区的超过 59 万个认证项目和 231 万个注册项目，它成为各国类似研究领域的成果典范，荷兰、西班牙、挪威、瑞典和奥地利等国受其影响启发直接使用或改善出版了各自的 BREEAM 系统。

3.5.5.2　美国能源及环境先导计划(LEED)

美国绿色建筑委员会(USGBC)在 1998 年提出了一套能源及环境设计先导计划(Leadership in Energy & Environmental Design，LEED)，这是美国绿色建筑委员会为满足美国建筑市场对绿色建筑评定的要求，提高建筑环境质量和经济特性而制定的一套评定标准。2017 年，LEED 官方发布了《能源及环境设计先导计划评定系统 4.1》(LEED v4.1)版本，划分为建筑设计与建造(BD+C)、室内设计与建造(ID+C)、运营与维护(O+M)、住宅(Residential)、城市与社区(C+C)和重新认证(Recertification)等 6 个方面的认证。

LEED v4.1 主要通过 9 个方面对项目进行绿色评估，包括整合过程、区位与交通、可持续的场地、有效利用水资源、能源与大气、材料和资源、室内环境质量、区域优先和革新设计，每一方面都具体包括了若干个得分点，每个得分点都设置了分值、使用建筑类型、目的和要求 4 项内容来指导设计和评价，项目按各具体方面达到的要求评出相应的积分。项目根据最后得分的高低可分为 LEED 认证级(40~49 分)、银级认证(50~59 分)、金级认证(60~79 分)、铂金级认证(80 分以上)的由低到高 4 个等级。

3.5.5.3　日本建筑物综合环境性能评价体系(CASBEE)

2001 年，日本建筑物综合环境评价研究委员会提出了建筑物综合环境性能评价体系(Comprehensive Assessment System for Building Environmental Efficiency，CASBEE)，以各种用途、规模的建筑物作为评价对象，从"环境性能"定义出发进行评价，试图让建筑物在限定的环境性能下，通过措施降低环境负荷的效果。

CASBEE 是一套针对不同尺度的综合性开发与评价工具，包括建筑尺度(住宅和建筑)和城市尺度(街区和城市)，建筑尺度包括对新建建筑、既有建筑和改造建筑的评价，以及对健康状况、热岛缓解和房地产开发等特殊需求的评价。城市尺度主要包含城区开发与社区健康清单和城镇设计等。每个层面的评价过程主要包含四个阶段，即规划与方案设计、绿色设计、绿色标签、绿色运营与改造，且每个阶段都有对应的评价工具。

CASBEE 将评估体系分为建筑环境性能和质量（Q）与建筑环境负荷（LR）。建筑环境性能和质量包括室内环境、服务性能和室外环境，而建筑环境负荷包括能源、资源与材料和建筑用地外环境。为了使评估过程更加明晰，CASBEE 提出了建筑环境性能（BEE）的评价指标。参评项目最终的 Q 或 LR 得分为各个子项得分乘以其对应权重系数的结果之和。BEE 值就是 Q 和 LR 各自之和的比值，BEE 值越大说明建筑环境性能越高，反之则越小。一般情况下，BEE 值大于 3 的建筑环境性能达到最高的水平，小于 0.5 则表示建筑环境性能很低。

CASBEE UD 是日本建筑物综合环境评价研究委员会在 2006 年发布的关于城区开发的评价标准，以低碳经济和低碳社会、可持续发展、生态承载力和全生命周期 LCA 理论为支撑。CASBEE UD 侧重社会质量，关注城市化后集中凸显的社会公平公正问题，早期十分强调低碳化，体现出日本希望在气候变化等全球性问题中通过积极参与和担当提升国家地位，2011 年，日本福岛核事故后低碳减排目标被弱化，城市安全与保障问题再次得到高度重视。此外，CASBEE 还发布了城镇规划与评估相关的标准 CASBEE Cities 用以指导更大尺度的城市建设与发展。

3.5.5.4　德国可持续建筑评估体系（DGNB）

德国可持续建筑委员会于 2007 年发布了可持续建筑评价标准（DGNB），对建筑单体、建筑群和城区从全生命周期的角度进行综合性的评级，对其环保性、节能性、经济性和舒适性进行系统的评价。DSNB 对于项目的评价主要包括 6 个部分的内容：环境质量（ENV）、经济质量（ECO）、社会文化及功能质量（SOC）、技术质量（TEC）、建设过程质量（PRO）和区位质量（SITE）。评价的步骤分为项目注册和咨询、认证文件编制和提交、认证文件审核、认证结果和证书颁发 4 个步骤。

DGNB 最大的特色是强调全生命周期的评估方法并进行了模块化的划分，依照 DIN EN 15868 标准将整个寿命周期分为了建造阶段、运营阶段、拆除阶段和回收阶段，分别用 ABCD 四个字母进行划分（表 3-5-1）。建造阶段主要考虑原材料的开采、运输过程和相应建筑产品的生产、运输、建造过程，运营阶段主要涉及建筑材料使用、维护、更换以及相应的能源与资源的消耗过程，拆除阶段主要考虑建造废弃物的分类、运输、处理，最终将可用部分进行回收使用，最终全生命周期的评估指标包括以上 4 个阶段的环境指标之和。

DGNB 的评价指标体系是以环境问题和一次能源为导向进行全生命周期的评估，通过严格定量的方法，将排入空气、水体和土壤等自然环境中污染物的排放量，以及项目在建造、维护和拆除等过程中一次能源的消耗量和可再生能源的使用比例进行合理计算，在项目建造、运营与污染物、能源的排放和使用之间建立起了明确的关系，最终乘以加权值得出各部分的分值。随着对建造材料的采集、生产、装配,以及建造运营过程中的排放监测,到使用和调控过程中的能源消耗,形成庞大的大数据支撑体系,科研人员通过数据和行为的分析,反过来提高完善标准的准确性和可持续性。

DGNB 在 2016 年发布的国际通用版中也有针对城区和商务区开发的模块(DGNB UD),要求评价区域面积不小于 2 hm²,住宅比例不小于 10% 且不大于 90%,主要从生命周期成本、土地高效利用、能源基础设施、机动车交通、步行及骑行等五个方面进行量化评估。DGNB UD 注重全生命周期评价、财政绩效评估、人口增长、购买力和就业,倡导用企业化和经营思维指导城区开发、城市营销、资产保值升值,强调健全社会和功能组织,提升社会融合质量,建设智能基础设施,提升城市信息化管理和国家信息化发展战略。

表 3-5-1　DIN EN 15868 标准定义的生命周期模块

生命周期	A1~A3					B1~B7							C1~C4				D
	建造			施工		使用							拆除				回收
模块	A1	A2	A3	A4	A5	B1	B2	B3	B4	B5	B6	B7	C1	C2	C3	C4	D
	原料开采	原料运输	产品生产	产品运输	产品包装/建造	使用	维护	维修	更换	改造	使用过程能源消耗	使用过程的水资源消耗	拆除	废弃物运输	废弃物分类	废弃物处理	可回用成分

3.5.5.5　各评价体系共同点

上述各国的评价体系的研究时间,技术水平,操作理念等状况各不相同,但是我们还是能从它们的评价成果中发现一些共同点。

(1)相同的立足点和目标

各国的评价都是在明确的可持续发展原则指导下进行的,基本都可以实现以下目标:为社会提供一套普遍的标准,指导绿色建筑的决策和选择,通过标准的建立,可以提高公众的环保产品和环保标准意识,提倡和鼓励好的绿色建筑设计,而且刺激提高了绿色建筑的市场效益,推动其在市场范围的实践;另外,由于评价体系提供了可考核的方法和框架,使得政府有关绿色建筑的政策和规范更为方便。

(2)相同的关注点

各国的评价体系都有明确清晰的分类和组织体系,可以将指导目标(建筑的可持续发展)和评价标准联系起来,而且都有一定数目的包括定性和定量的关键问题可供分析。这些问题体现了各国对绿色建筑实践的技术和文化层面的思考和研究。评价体系中都还包括一定数量的具体指导因素(如对可回收物的收集)或综合性指导因素(如对绿色动力和能源的使用),为评价进程提供更清晰的指示。

(3)开放性和专业性

各国的评价体系评价的数据和方法都向公众公开,任何人都可以了解使用,笔者便是从因特网上得到了各国的完整的评估手册。数据和方法的开放性并不意味着评估过程的简单。各国对评估的进程都有严格的专业要求,评估是由专业部门给予专业认证的评估人执行的,如 BREEAM 的评估是由持有 BRE 执照的专业人士进行,而 LEED 的评估则要求所评估的项目组中至少有一位主要参与人员通过 LEED 专业认证考试。

(4) 不断更新和发展

建筑体系是复杂并且不断发展的,因而评价应当是可重复的、可适应的,对变化和不确定性能做出及时反应。各国在制定自己的评价体系时都充分考虑到了这一点,BREEAM 和 LEED 几乎每年都会对部分标准内容进行更新。

目前,许多国家都在绿色建筑评价领域进行着自己的研究工作。由于受到知识和技术的制约,各国对于建筑和环境的关系认识还不完全,评价体系也存在着一些局限性,概括而言包括两点。一是某些评价因素的简单化。毫无疑问,建筑的生态评估是一个高度复杂的系统工程,特别是许多社会和文化方面的因素难以对其确定评价指标,量化更是不易,目前的一些评价单从技术的角度入手,回避了此类问题。二是标准权衡的问题,即对于可以量化的指标,对其评分的分值占总分值的比例是否与其对建筑的影响相符。尽管 BREEAM、LEED 等系统已经使用有关机构制定出的权衡系统系数,但对这一问题还要进行审慎的研究工作。此外,还有如何运用评价结果改善建筑性能、评价的约束机制等问题需要考虑。

3.5.6　中国居住环境评价

中国曾先后出台过《绿色奥运建筑评估体系》以及《绿色建筑评价标准》2006 版、2014 版和 2019 版等。在近 10 年来,在国家政策的大力推广下相关工作取得了较大的进步,也逐渐形成了一定的自身特色。

3.5.6.1　中国绿色建筑相关评价标准的发展历程

我国的绿色建筑评价标准研究开始于 21 世纪初。2011 年,绿色建筑评价标准迈出了关键的第一步,发布了极具里程碑意义的《中国生态住宅技术评估手册》,这部标准不断地发展和完善成为如今的《中国绿色低碳住区技术评估手册》,并增加了住区相关的评价条文。

为落实北京"绿色奥运"的目标,以清华大学建筑学院牵头的 9 个单位根据绿色建筑的概念和奥运建筑的具体要求,制定奥运建筑与园区建设的"绿色化"标准,研究开发针对性的评价方法和评估体系——《绿色奥运建筑评估体系》,并作为科技部"科技奥运十大专项"之一于 2003 年 8 月发布。该标准主要参考了美国的 LEED 和日本的 CASBEE 标准,在评分上主要参考了 CASBEE 中"环境性能"的理念,通过环境质量与资源、环境负荷的比值进行整体的量化评估,并注重建筑在全生命周期内的整体影响。

2005 年,科技部和建设部颁布了我国第一部绿色建筑设计技术规范——《绿色建筑技术导则》,用以指导绿色建筑的设计建造,并通过初步完善的技术指标体系为相关实践提供定性和定量的参考依据,也为后续颁布的各类生态、绿色标准提供了方向。

2006年,住建部发布了《绿色建筑评价标准》(GB/T 50378—2006),这是我国第一部综合性的绿色建筑国家标准,确立了以"四节一环保"为核心的绿色建筑评价体系,自发布之日起就成为我国各级、各类绿色建筑标准研究和编制的基础,有效地引导和推动了我国的绿色建筑实践。

国标发布后,我国开始了一轮针对地方标准和专项标准的研究与制定热潮。2010年,《建筑工程绿色施工评价标准》发布实施;2011年,《绿色工业建筑评价标准》通过审核,《绿色医院建筑评价标准》发布;2012年,《绿色商场建筑评价标准》通过审核;2013年,《绿色办公建筑评价标准》发布;2015年,《绿色商店建筑评价标准》《既有建筑绿色改造评价标准》发布;2016年,《绿色博览建筑评价标准》《绿色饭店建筑评价标准》发布。此外各地方还陆续发布了若干地方和专项评价标准,标志着我国在绿色建筑评价标准领域的全面推广和不断深入。

2014年4月,新版《绿色建筑评价标准》(GB/T 50378—2014)发布,并于2015年1月1日起正式实施。这是2006版标准投入使用8年后的首次修订,修订时间间隔较长,其内容反映了我国在绿色建筑发展中的反思和进步,"节能、节水、节地、节材和环保"的绿色建筑理念得到了强化,同时与国外典型绿色建筑评价标准的在发展变化上的差异显现出了独有的特点。

2014版标准发布后的几年,政府部门和标准制定者将生态、绿色、可持续的概念推广到了不同尺度和维度上。2016年,《健康建筑评价标准》发布;2017年,《绿色生态城区评价标准》发布;2019年,《近零能耗建筑技术标准》《被动式超低能耗建筑评价标准》发布,以及针对不同地方、气候区和建筑类型的专业性绿色与节能标准。

2019年,经过修编后的2019版《绿色建筑评价标准》出台。新标准着力落实我国新时期的建筑方针,紧跟十九大关于"加快生态文明体制改革,建设美丽中国"的国家战略,同时强调以人为本的思想和技术要求,着力解决旧版《绿色建筑评价标准》实施过程中的问题,对相关领域中新技术、新理念进行合理的吸纳。

3.5.6.2 2019版《绿色建筑评价标准》的特色与创新点

自2006年第一部《绿色建筑评价标准》问世以来,我国的绿色建筑发展步入快车道。根据住房和城乡建设部发布的"十三五"规划,到2020年城镇新建建筑中绿色建筑面积占比将超过50%,新增绿色建筑面积20亿 m^2 以上[①]。根据2014版《绿色建筑评价标准》在"十三五"规划执行期间中遇到的实际情况,住建部发布了最新的2019版《绿色建筑评价标准》,以期指导未来绿色建筑的进一步发展。通过对比这两版标准的变化我们可以得出绿色建筑发展的新动向。

---

① 住房和城乡建设部关于印发建筑节能与绿色建筑发展"十三五"规划的通知[EB/OL]. (2017-03-01). http://www.mohurd.gov.cn/wjfb/201703/t20170314_230978.html.

3.5.6.3　2019 版与 2014 版《绿色建筑评价标准》的对比分析

每一个版本的《绿色建筑评价标准》都有各自的目标,也是指导相应版本标准编制的准则或方针。2014 版的标准强调贯彻国家经济技术政策,规范绿色建筑评价,推进可持续发展,而 2019 版强调为贯彻落实绿色发展理念,推进绿色建筑高质量发展,节约资源,保护环境,满足人民日益增长的美好生活需要。可以看出,两个版本在编写目的上有很大的差异,这也导致标准的具体内容存在更新和改变,主要体现在以下几方面。

(1)基本定义

新标准对于绿色建筑的定义体现了与时俱进的特色,其中有两处调整值得注意。一是将"以人为本""推动绿色发展,促进人与自然和谐共生"的理念融入绿色建筑中;二是强调了绿色建筑的"高质量"发展,无论是研究还是实践都应该更加注重建筑性能的提升。这两处修改贯彻和反映了时下国家战略的核心思想,将人本需求和技术提升进行了合理结合。

(2)评价体系

新标准在指标体系的架构上做出了重大调整,将"节能、节水、节地、节材和环保"体系替换为"建筑全寿命期内安全耐久、健康舒适、生活便利、资源节约和环境宜居",不再以资源节约为导向进行分配,更加强调标准体系的逻辑建构,以及设计者和使用者从人本角度的感知,此举也将更有利于标准的底层推广。此外,新标准也不再对施工和运营管理进行单独的章节划分,而且大部分相关条文被删除,仅有 13 条被保留到其他章节中。从体系的重构中可以看出,标准的制定者从"以人为本"的角度出发,将"开发者"的角度转变为"使用者"的角度,从而提升使用者的体验感(图 3-5-2)。

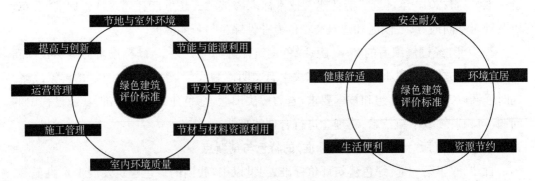

图 3-5-2　2014 版和 2019 版《绿色建筑评价标准》评价体系对比

(3)评价阶段

2017 年,住建部统计了我国绿色建筑标注申请中设计标识和运营表示的比例,发现运营表示只占所有申报标识的 5%,可见绿色建筑停留在设计层面而缺乏落地性。旧标准中设计评价在施工图审查完成之后开展,运行评价需要在施工验收并使用一年后进行,设计评价和施工评价在不同的阶段开展且都授予相应标识。而新版将评价节点设定在建筑工程竣工后进行,同时将设计评价改为预评价,这一环节不授予相应标识。预评价是对前期设计过程的有效监督,也有利于提高竣工验收时的审核效率,同时保证绿色建筑能够在合理合规的情况下落地。

（4）评分方法

《绿色建筑评价标准》发布以来,经历过三次修订,每次修订都对评分方法进行了更新。2006 版是直接判断评价条目法是否完成,2014 版是对赋予不同权重的各部分进行评分,2019 版则是绝对分数累计相加法的方法,复杂程度介于前两个版本之间,也比较容易操作。新标准评价分值增加了 400 分的基础分值项,评定结果为达标或不达标,其他非控制项是直接计算分值,最终总得分为 $Q = (Q_0 + Q_1 + Q_2 + Q_3 + Q_4 + Q_5 + Q_A)/10$,及所有分项得分(包含控制项、评分项和加分项)的总和除以 10。新标准的评分方式将原来的权重直接通过各部分总分值体现出来,相比于 2014 版本的权重相加的方法更为简便直观。

（5）等级划分

新标准在评价等级上新增了"基本级",即分为基本级、一星级、二星级、二星级,满足所有控制项要求的项目即可获得基本级的评级,这一点与 LEED 等国外标准相似。新标准的一星级、二星级、三星级对应的分值分别是 60 分、70 分、85 分,相比 2014 版标准都有所提高,且需要满足相应的性能要求。此外,新标准要求一星级、二星级、三星级绿色建筑都应该实现全装修,全装修工程质量、选用材料及产品质量应符合国家现行有关标准的规定。

第4章 建筑风环境控制

4.1 风

风,是空气由高气压处向低气压处流动而产生的结果。空气的温度不同导致空气气压的高低变化。气温高,则空气膨胀,密度变低,此时的空气稀薄,空气的气压也较低。反之,气温低,则空气密度较高,气压也较高。由于空气受太阳辐射的多寡不同以及空气对热量的吸收率的变化,导致气温的高低变化,从而形成了风。这个简单的原理,虽然不足以完全说明大气的变化,但是已经足以应用在建筑的通风设计上了。

4.1.1 季风、台风、龙卷风

(1) 季风

季风,为海陆温度不同所引起气压差异而形成的风,季风随季节而变化。一般对季风有以下较严格的定义:

① 1月和7月的盛行风向角度至少转变120°;

② 1月和7月的盛行风向平均频率超过40%;

③ 1月和7月其中至少有一个月的平均合成风超过3 m/s;

④ 在经纬度5°的矩形范围内,1月和7月每两年内出现气旋和反气旋的交替不到一次。

根据以上定义,地球上季风盛行的区域,大部分局限于30°W—170°E以及35°N—25°S的范围之内。东亚—南亚是世界上最著名的季风气候区。我国处于东亚季风区内,表现为盛行风向随季节变化有很大差别,甚至相反。冬季盛行东北气流,华北—东北为西北气流。夏季盛行西南气流。中国东部—日本还盛行东南气流。冬季寒冷干燥,夏季炎热湿闷、多雨,尤其多暴雨。在热带地区更有旱季和雨季之分,我国的华南前汛期、江淮流域的梅雨季节及华北、东北的雨季,都属于夏季风降雨。

(2) 台风

台风,属于一种热带气旋。大致上说,在夏季的太平洋上,产生局部性的低压中心,周围的高气压空气以一种相近的速度向低气压中心辐合,从而形成力偶状态的气旋,其中心为一漏斗状垂直气柱暴风眼,大约有20 km长的直径,眼内风力微弱,天空晴朗。漏斗边界从热带对流层顶处向外辐射。暴风眼外,湿温空气沿气眼外缘有上升的趋势,而眼内的干热空气则被压抑在下面。由于台风内的水汽凝结,释放出气化潜热,增加了空气浮力,给予了向上的加速度,而且,由于热能从海面不断地传入空气,以及风眼内干热空气的不断下降,空气得以维持相当的高温。台风暴风圈,移向降压区,同时也向低压地带移动,夏季产生的台风,其移动目标以大陆内陆为主。

（3）龙卷风

龙卷风,也是热带气旋的一种,其范围很小,直径不超过 1 km。龙卷风的压力和速度分布情况和台风相同。但是龙卷风的生成必须具备许多特殊条件(高空干暖气层,低空湿暖气层,具有两个气层相反方向的滑行能力),所以只有极少数地方较容易形成龙卷风,如美国的佛罗里达州。

4.1.2　地形风

由于地形的起伏、各种地表材料对太阳辐射吸收率的差异以及材料热容量的不同,产生各小区域之间的温差和气压差,因而形成局部性的地形风。这种局部性的地形风虽然没有季风稳定,但是当季风不明显时(季风转换期),它却是影响建筑通风的主要因素。本节阐述各种局部性地形风的发生及其在建筑上的利用。

（1）海陆风

沿海洋和陆地交界的海岸,在白天,风从海面吹向陆地;在夜晚,风则由陆地吹至海面。这种现象是自然环流的结果,其原因为白天陆地受热较海面快,空气因为受热而上升,较高气层辐散吹向海面,海面空气因温度较低而下沉,沿海平面吹向陆地,形成一完整的环流。晚间则陆地冷却较快,温度比海平面低,形成与白天相反的环流,风自陆地吹向海面,形成陆风。

在自然界,很少存在纯粹的海风和陆风,其形成多多少少受其他因素的影响。比如地面摩擦力和地球的旋转,显著影响风力和风向。季风也可以被视作一种巨型的海陆风,因为它的稳定性比一般的局部性地形风高,所以称之为季风,以便将其和一般局部性海陆风区分。

与海陆风类似的局部性风有水陆风、静水风。水陆风因为陆地比流动的水面空气升降温快,白天吹水风,夜间吹陆风。静水风基于和水陆风相同的原因,白天吹水风,夜间吹陆风。

（2）山谷风

山坡比山谷升降温快,夜间冷空气自山坡流向山谷,故也称之为下坡风、下谷风、山风、日周期风等,由于这种局部风受温度的控制,而夜间温度也与云量有关,所以风速也根据云量的减少而增加。白天则气流从山谷向山坡上吹,称之为上谷风,此风随着太阳辐射的强度、山坡的坡度,以及山坡的赤裸程度而变化。山谷风比山坡风的风速大,在夏季有清凉的作用,这也是建筑自然通风的有利因素之一。

另一个与山谷风有关的是山顶风,由于向阳面比背阳面升降温快,因此,山顶位置白天吹阴坡风,夜间吹阳坡风。风速的大小视阳坡和阴坡的温差而定。

（3）前院风、花园风

建筑物的前院和后院有使用不同的材料，比如中国传统住宅，四合院的前面大都为广场，而后院为后花园。由于房屋的向阳面和前院比背阴面以及后院升降温快，因此白天吹后门风（花园风），夜间吹前门风（前院风）。

（4）街巷风

在城市的住宅区内，由于局部的温差存在，也会产生局部的凉风。比如，在十字街路口，丁字路口比街内的升降温快（接受辐射较多），白天吹出口风，夜间吹入口风。如果建筑物错开排列，也可以得到街巷风。

（5）中庭风

由于房屋周围比中庭（或者天井，特别是深而窄的天井，同时种植有树木花草）升降温快，白天吹出庭风，夜晚吹入庭风。

在建筑自然通风计划时还应考虑到一点，那就是，除了地表材料受热不同而产生的风之外，还有强烈外来气流（比如季风）受地形物的阻碍而产生与原气流不同方向的风。

4.1.3　自然通风要素

一般的所谓通风，是指借助风力而达成的换气，户外风速超过 1.5 m/s，靠其风力就可促成自然换气。普通的建筑物只要注意门窗的位置、面积和开启方式，通常就可以达到良好的自然通风效果。

空气流动必须有动力。利用机械能驱动空气流动的，称为机械通风。利用自然因素形成的空气流动，称作自然通风。建筑物中的自然通风，关键在于室内外存在空气压力差。形成空气压力差的原因有热压作用和风压作用。

4.1.3.1　热压作用

空气受热后温度升高，密度降低；相反，若空气温度降低，则密度增大。这样，当室内气温高于室外气温时，室外空气因为较重而通过建筑物下部的门窗流入室内，并将室内较轻的空气从上部的窗户排除出去。进入室内的空气被加热后，又变轻上升，被新流入的室外空气所替代而排出。因此，室内空气形成自下而上的流动。这种现象是因温度差而形成，通常称之为热压作用。热压的大小取决于室内与室外空气温度差所导致的空气密度差和进、排风口的高度差（图 4-1-1）。热压的计算公式如下：

$$\Delta P = H(\rho_e - \rho_i) \tag{4-1}$$

式中：ΔP——热压（kg/m^2）；

H——进、排风口中心线的垂直距离（m）；

ρ_e——室外空气密度（kg/m^3）；

ρ_i——室内空气密度（kg/m^3）。

由式（4-1）可见，要形成热压，建筑物的进、排气口一定要有高差，热压和高差成正比;此外,室内外空气而因温度不同形成密度差,热压和密度差成正比。这两个条件缺一不可。

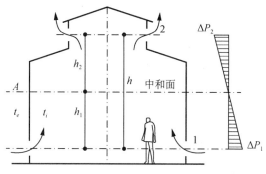

图 4-1-1　在热压作用下的自然通风

4.1.3.2　风压作用

风压作用是风作用在建筑物上产生的压力差。当自然界的风吹到建筑物上,在迎风面上,由于空气流动受阻,速度减小,使风的部分动能转变为静压,也即建筑物的迎风面上的压力大于大气压,形成正压区。在建筑物的背面、屋顶和两侧,由于气流的旋绕,这些面上的压力小于大气压,形成负压。如果在建筑的正、负压区都设有门窗口,气流就从正压区流向室内,再从室内流向负压区,形成室内空气的流动(图 4-1-2)。

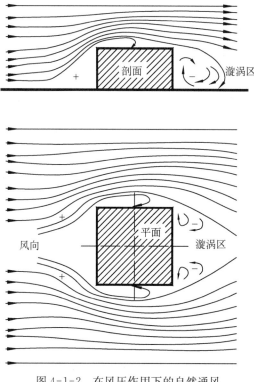

图 4-1-2　在风压作用下的自然通风

风压的计算公式为

$$P = K \cdot v^2 \cdot \rho_e / 2g \qquad (4-2)$$

式中：P——风压（kg/m²）；

　　　v——风速（m/s）；

　　　ρ_e——室外空气密度（kg/m³）；

　　　g——重力加速度（m/s²）；

　　　K——空气动力系数。

显然，形成风压的关键因素是室外风速，确切地说，是作用到建筑物的风速。而且，风压值是与室外风速的平方成正比。

上述两种自然通风的动力因素对各建筑物是不同的，甚至随着地区的不同、地形的不同、建筑物的布局和周边环境状况的差异、室内不同使用情况等产生很大的差异。比如，工厂的热车间，常常有稳定的热压可以利用；沿海地区的建筑物，往往风压值较大，因此房间的通风良好。在一般的民用建筑物中，室内外的温差不大，进、排气口的高度相近，难以形成有效的热压，主要依靠风压组织自然通风。如果室外的风速较小，或者没有风时，建筑物内部的通风必然难以通畅。因此，建筑师要善于利用自然通风原理，合理进行建筑物的总体布局和建筑物开口的设计，并采取必要的技术措施，形成诱导通风，使通风成为改善室内热环境的有利因素。

诱导通风，即指通过建筑设计的方法，采用一定的技术手段，来改变现实环境中各气候要素对建筑的影响，比如改变热压差和风压差，以改善自然通风条件。

4.1.4　通风评估

通风的主要手段在于利用可感气流使室内者感觉凉快，因此，可感气流的风量、风速和通风路径是设计上的主要评估指标。一般通风的评估方法有三种：气流路径评估法、通风量评估法、通风率评估法。

气流路径评估法：气流路径，顾名思义，即是气流通过的路线。通过对通风路径的评估，有助于了解室内整体的通风状况。一般利用观察法判断时，缺乏对流速分布的了解，目前多采用数字模拟方式来评价气流路径。由于各种建筑物的形态不同，导致——实验存在实施难度，但这时如果建筑师只凭经验的判断而无实验数据支撑，其判断的可靠度较低；同时，忽略气流速度而单纯讨论路径也会失去气流路径评估的现实应用意义。

通风量评估法：一般情况下，通风量越大，通风效果也越佳。但是在相同通风量的情况下，入口处的开口面积越大，所导致的风速越小，甚至室内感受不到风的存在。通风量的计算方法通常都以开口部位的大小来求换气量，这种计算方法并不适合用来评估通风效果，因为室内存在的隔墙、房间的位置、迎风的房间和背风房间的开口位置、空间形态等均会影响到风速,无法客观反映气流的真实情况。

通风率评估法:因为室内各点的风速分布不均,通风率的评估无法一概而论。平均通风率,虽然可以表示室内的通风性能,但因为我们所强调的只是室内测定点处的通风率,所以也存在一定误差。整体来说,通风率以室内实际风速与室外风速的比值来反映室内环境风速情况,是一种比较客观、实用的评价方法,并且其数值直观,有较强的操作性。

4.2　人与风

4.2.1　热舒适方程

人体对冷热的感觉,以人体本身因代谢作用而产生的热量与身体的放热量之间达到平衡状态,使体温保持在 36.5℃ 为最舒适。即:

$$M - E \pm C \pm R = \Delta H \tag{4-3}$$

式中:M——代谢产生的热;

E——蒸发放热;

C——对流换热;

R——辐射换热;

ΔH——人体的得失热量。

当 $\Delta H < 0$ 时,人体感觉冷;当 $\Delta H > 0$ 时,人体感觉热;当 $\Delta H = 0$ 时,人体感觉舒适。

随人体所处的状态的不同,其代谢率及产生的热量也不同。当从事越繁重的工作时,身体的代谢率就越高,此刻人体所产生的热量也越高。所产生的热量可以通过流汗、呼吸、空气对流以及人体对外的辐射而向身体周围放热。在人体的放热过程中,流汗的蒸发作用与环境中的相对湿度成反比,与环境中的风速成正比。因为风可以将皮肤所蒸发出来的水蒸气迅速带离,降低人体周围空气的湿度,可以大大提高人体皮肤表面的蒸发效率,降低皮肤表面的温度,进一步降低体温。同时,风直接吹过人体的皮肤,也会因为强制对流作用而降低皮肤温度。

4.2.2　人对热的感觉

人体对环境感受的物理要素为温度、湿度、气流和四周墙壁的辐射。人体的热平衡机能、体温调节、内分泌系统、消化器官等生理功能受到多种气象要素的综合影响,例如大气温度、湿度、气压、光照、风、辐射等。

生活中,我们常感受到气象台的天气预报与自身实际感受到的冷暖程度不一致。为什么会出现这样的情况呢?因为天气预报的气温仅仅代表空气冷暖程度,并不能完全表示出人体对环境的冷暖感受,这也正是空气温度与体感温度的区别所在,但气温可以作为人体冷暖感受的一个参数。

体感温度是指人感觉到冷热的温度感觉,也称体感气候,不能将它简单地理解为人体皮肤温度与气温之差。在相同的气温条件下,人体还会因空气湿度、风速大小、着装颜色、日照甚至心情等的不同而产生不同的冷暖感受。例如在气温 30℃ 的环境中,空气相对湿度在 40%~50%,平均风速大于 3 m/s 时,人们就不会感到很热;然而在相同的温度条件下,相对湿度若增大到 80% 以上,且风速很小时,人们就会产生闷热难熬的感觉,体弱者甚至会出现中暑现象。实验表明,气温适中时,湿度对人体的影响并不显著。由于湿度主要影响人体的热代谢和水盐代谢,当气温较高或较低时,湿度波动对人体的热平衡和冷热感就变得非常重要。例如,气温为 15.5℃ 时,即使相对湿度波动达 50%,对人体的影响也仅相当于气温变化 1℃ 的作用。而当温度在 21~27℃ 时,若相对湿度波动 50% 时,人体的散热量就有明显差异。相对湿度在 30% 时,人体的散热量会比相对湿度为 80% 时多。当相对湿度超过 80% 时,由于高温高湿影响人体汗液的蒸发,机体的热平衡受到破坏,人体会感到闷热不适。随着温度的升高,这种情况将更趋明显。当冬季的天气阴冷潮湿时,由于空气中相对湿度较高,身体的热辐射被空气中的水汽所吸收。加上衣服在潮湿的空气中吸收水分,导热性增大,加速了机体的散热,使人感到寒冷不适。当气温低于皮肤温度时,吹风能使机体散热加快。风速每增加 1 m/s,会使人感到气温下降了 2~3℃,风越大散热越快,人就越感到寒冷不适。

辐射可分为正辐射和负辐射。冬季,人们在火炉或暖气旁感觉温暖,是因为热辐射。反之,人靠近冰冷的墙壁或寒冷的物体时,会产生冷的感觉,这是因为冷辐射或称之为负辐射。据环境医学研究,在我国北方严寒季节,室内气温与墙壁温度有较大的温差,墙壁温度比室内温低 3~8℃。当墙壁温度比室内气温低 5℃ 时,人在距离墙壁 30 cm 处就产生冷的感觉。如果墙壁温度再下降 1℃,人在距离墙壁 50 cm 处就产生冷的感觉。人在受到负辐射作用后所产生的异常症状,称之为负辐射综合征。在严寒的季节到来之际,除了要考虑风环境,人们要特别注意预防负辐射综合征。具体措施是远离过冷的墙壁和其他物体,睡觉时至少要距离墙壁 50 cm,或在墙壁内侧以木板、泡沫塑料等阻断或减轻负辐射。

4.2.3　感觉温度

1923 年,亚格鲁(Yaglou. C. P)提出了有效温度或感觉温度(ET)的实验报告,直至今日这也是对热环境进行评估的重要指标之一。当人体处于普通着衣的状态,进行一般性的轻度作业的时候,比如阅读、写字,感觉温度的降低与风速成正比,尤其在高湿度的环境中,其降低量尤其显著。例如:干球温度 30℃,湿球温度 30℃(即湿度 100% 时),风速由 0 m/s 增加到 3 m/s 时,感觉温度由 30℃ 降至 26℃(相差 4°ET)。当湿球温度 25℃(湿度 60%)时,风速由 0 m/s 增加到 3 m/s 时,感觉温度由 27℃ 降至 24℃(相差 3°ET)。当温度高于 36℃ 时,则通风反而不利于人体的舒适,此时感觉温度会增加,这说明通风的利用仅仅适用于热湿气候,却非常不适合热干气候,因为干热气候的干球温度在白天往往超过 40℃。

4.2.4　风速与人体舒适

风速的等级称之为风级。气象分析上均用 Beaufort 风力等级表。一般气象统计取 3 个数据:平均风速、平均最大风速、极端最大风速。在自然通风设计中以平均风速作为设计参考值,极端最大风速大多应用在力学分析上(表 4-2-1)。

表 4-2-1　**Beaufort 风力等级及对人体的影响**

风力等级	名　称	陆上地物征象	相当于平地 10 m 高处的风速(m/s)		对人体的影响
			范　围	中数	
0	无风	静、烟直上	0.0～0.2	0	无感
1	软风	烟能表示风向,树叶略有摇动	0.3～1.5	1	不易察觉
2	轻风	人面感觉有风,树叶微响,旗子开始飘动	1.6～3.3	2	扑面的感觉
3	微风	树叶及小枝摇动不息,旗子展开,高的草摇动不息	3.4～5.4	4	头发吹散
4	和风	能吹起地面灰尘和纸张,树枝摇动,高的草呈波浪起伏	5.5～7.9	7	头发吹散,灰尘四扬,纸张飞舞
5	清劲风	有叶的小树摇摆,内陆的水面有小波,高的草波浪起伏明显	8.0～10.7	9	感觉风力大,为陆上风容许的极限
6	强风	大树枝摇动,电线呼呼有声,高的草不时倾伏于地	10.8～13.8	12	张伞难,走路难
7	疾风	全树摇动,大树枝弯下来,迎风步行感觉不便	13.9～17.1	16	走路非常困难
8	大风	可折毁小树枝,人迎风前行感觉阻力甚大	17.2～20.7	19	无法迎风步行
9	烈风	草房遭受破坏,屋瓦被掀起,大树枝可折断	20.8～24.4	23	阵风可以将人吹倒
10	狂风	树木可被吹倒,一般建造物遭破坏	24.5～28.4	26	
11	暴风	大树可被吹倒,一般建造物遭严重破坏	28.5～32.6	31	
12	飓风	陆地少见,其摧毁力很大	>32.6	33	

自然风的流动一般相当有规律性,因此可以使人有新鲜感,只有达到一定的风速,人才会产生爽快感。人体对最低风速的感知有差异,一般约为 0.5 m/s。贝杰尔 (Baetjer)曾在 15～18℃ 范围内测定人体感知风速的最低值为 0.2 m/s;在 12℃ 时,人体感知风速的最低值为 0.15 m/s;在 30℃ 时,人体感知风速的最低值为 0.6 m/s。从这些数据中可以看出,环境温度越高,人体的有感风速就越高。在冬季,入侵室内的风速超过 0.2～0.25 m/s 以上时,人体就会感觉不舒服。

在室内进行一般作业时,理想的风速宜限制在 1.0 m/s 以内,且以 0.8 m/s 为最佳,因为风速处于 0.8 m/s 时,风不会扰乱纸面作业;当风速超过 1.5 m/s 时,气流则会干扰到纸面作业,这时必须限制风量,控制风经过的路径;同时,当风速超过 1.5 m/s 时,风压较大,人体有风击的感觉,会产生不舒适感(表 4-2-2)。

表 4-2-2　风速对人体及作业的影响

风速(m/s)	对人体及作业的影响
0~0.25	不易察觉
0.25~0.5	愉快,不影响工作
0.5~1.0	一般愉快,但是须提防薄纸张被吹散(稿子)
1.0~1.5	稍微有风击以及令人讨厌的吹袭,桌面上的纸张会被吹散
>1.5	风击明显,薄纸吹扬,厚纸吹散。如若维持良好的工作效率及健康条件,须改正通风量和控制通风路径

4.2.5　最佳舒适气候

所谓人体舒适度,就是在不特意采取任何防寒保暖或防暑降温措施的前提下,人们在自然环境中是否感觉舒适及其达到怎样一种程度的具体描述。例如:在空气温度高于 32℃,湿度超过 80%,风力小于 2 级的环境中,人们会普遍感到闷热难忍,甚至出现中暑现象。我们称这时的人体舒适度为"闷热"或"极热"。又如:当气温降到零下 8℃以下;湿度低于 30%;风力大于 4 级时,人们则又会感到难于抵御的严寒,甚至出现冻伤皮肤的现象。我们称这时的人体舒适度为"寒冷"或"极冷"。人体舒适度预报也叫做体感温度预报,就是以舒适指数的形式对舒适进行数字化定义,用来反映不同的温度、湿度等气象环境下人体的舒适感觉。舒适指数一般分为风寒指数和炎热指数。环境温度是影响人体热量平衡的主要因素。当气温小于 15℃时,天气冷凉,人体与外界的热量交换以人体失热为主,失热的多少受风速和气温的综合影响,因此就以风寒指数来表示人体失热与风速、气温的关系。气温越低、风速越大,表示风寒指数越高,舒适度越差。当气温高于 25℃且有太阳直接照射时,人体与外界的热量交换以吸热为主,人体获得的热量的多少除受气温影响外,还与太阳辐射、空气湿度等因素关系密切。炎热指数反映的就是人体吸热与气温、湿度、太阳辐射之间的关系。

人体舒适状况随着文化不同而存在着差异,也随着个人的物理状况比如动态、静态以及心理状况的不同而变化。同一个人全年所能接受的舒适程度也有变化。所以一个人在夏季与冬季可能提出不同的舒适范围。但是,也存在一个明显的温度、湿度以及通风范围,在此范围之内,人体会感到舒适,超过这一范围,人体就会产生不适感。

奥格雅(V. Olgyay)的生物气候图,是通过对气候资料进行分析来研究室内气候的舒适条件,并且提出室内环境的舒适指标。该生物气候图是以图来表示出气温、湿度以及其他资料,这些资料对气候控制的设计是十分重要的(图 4-2-1)。生物气候图可以利用干球温度和湿球温度来界定最舒适气候范围,并且提出了下列的数据作为最舒适气候调整的依据(表 4-2-3)。

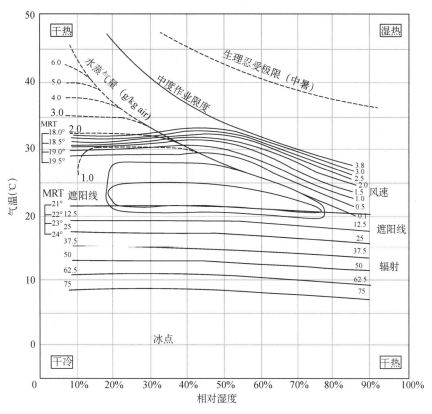

图 4-2-1 生物气候图

表 4-2-3 沿海某地考虑湿度、风速后的理想气温与实际月均温比较表

月份	相对湿度(%)	风速(m/s)	理想气温(℃)	实际月均温(℃)
1	81	0.61	24	16.4
2	83	0.57	24	16.2
3	84	0.49	23	18.8
4	84	0.4	22	22.4
5	85	0.36	22	25.4
6	87	0.36	21	27.3
7	85	0.32	21	28.3
8	86	0.32	21	28.2
9	82	0.44	23	27.4
10	77	0.63	25	24.9
11	78	0.65	25	21.9
12	80	0.61	24	18.4

资料来源:依据奥格雅的生物气候图换算

（1）温度不足时，提高必要的辐射量和增加四周围护结构的平均温度。

（2）温度超过舒适条件时，进行遮阳，降低四周围护结构的温度，增加风速。

（3）温湿度过高时，进行必要的通风。

（4）湿度不足时，增加空气中的水蒸气含量。

（5）在不同的作业环境中，人体有不同的环境忍受极限。

将某一地区的气候条件输入该生物气候坐标图，就可以了解该地区的气候可适性，同时很容易针对该地区的气候条件提出达到舒适性的对策。根据布鲁克斯（C. E. P. Brooks）的实验，热带地区的居民对气候的习惯性和温带地区的稍有差异，他建议以北纬40°为标准，每降低纬度5°，其舒适温度将提高0.56℃（1℉）。上海的舒适温度22～28℃，冬季为20℃，相对湿度以30％～70％为舒适区域。在进行最佳生物气候分析时，其干球温度和湿球温度均以一天的平均值为准，如果以一天的主要活动时间计算，则干球温度大约增加1℃以上时，相对湿度则降低约5％。

生物气候图在建筑设计上面的应用是将不同的气候需要反映在建筑设计的过程当中，即以干湿球的记录图作为基础，给建筑师较精确的说明，包括建筑物外形的影响因素，以及在已知的气候环境下，如何控制环境使得室内达到人体舒适需求。利用干湿球节能设计手段，设计师能够将设计方案与气候条件相配合，这套设计方法可以充分利用自然资源，尽量做到建筑物的最低能量消耗，达到建筑节能的目的。

4.3　室外风

4.3.1　单体建筑形态与风

建筑的朝向、间距是影响建筑通风的主要因素。自然界的风具有方向的变化性，时间上的不连续性和速度的不稳定性。就一个地区而言，经过多年的观测和分析，得出关于本地风的规律，通常以风玫瑰图的方式表示（图4-3-1）。

风玫瑰图是建筑自然通风设计的基本依据。由于建筑物迎风面最大的压力是在风向的垂直面上。所以在夏季有主导风向的地区，应该尽量使建筑物垂直于主导风向。我国大部分地区的夏季主导风向是南或者南偏东，因此，在传统建筑多采用坐北朝南，即使在现代建筑设计中，也是以南或南偏东为主。选择这样的朝向不仅仅有利于自然通风，而且能够避免西晒和东晒。有些地区由于地理环境，地形和地貌的影响，夏季主导风向与风玫瑰图不一致，这时则应按照实际的地方风向来安排建筑物的朝向。在城镇地区，无论是街坊或者居住小区，大多是成排、成群布置建筑物，如果风向垂直于前幢建筑物的纵向轴线，那么建筑物的后部会形成很长的漩涡区。为了保证后排建筑具有良好的通风，建筑物的间距一般要达到前幢建筑高度的4倍左右，但这样的距离明显不符合节约用地的原则。为此，常常将建筑朝向偏转一定的角度，使风对建筑物产生一定的投射角（图4-3-2）。这样，可以使风斜吹入室内。尽管室内风速会有所减小，但是屋后的漩涡区却大大缩短(表 4-3-1)。

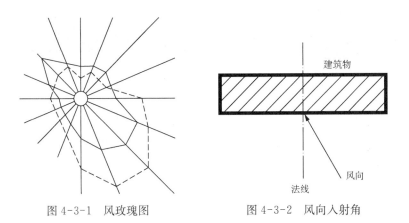

图 4-3-1　风玫瑰图　　　　　图 4-3-2　风向入射角

表 4-3-1　风速投射角对风速和流场的影响

风向投射角(°)	室内风速降低值	屋后漩涡区长度
0	0	3.75H
30	13	3.00H
45	30	1.50H
60	50	1.50H

建筑物的高度、长度和深度对自然通风也有很大的影响。图 4-3-3 表示建筑物的高度和漩涡区的关系。图 4-3-4 表示建筑物长度和漩涡区的关系。图 4-3-5 表示建筑物深度与漩涡区的关系。图 4-3-6 表示不同建筑物在不同风向下背风区的漩涡区。

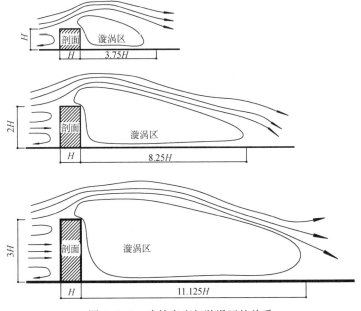

图 4-3-3　建筑高度与漩涡区的关系

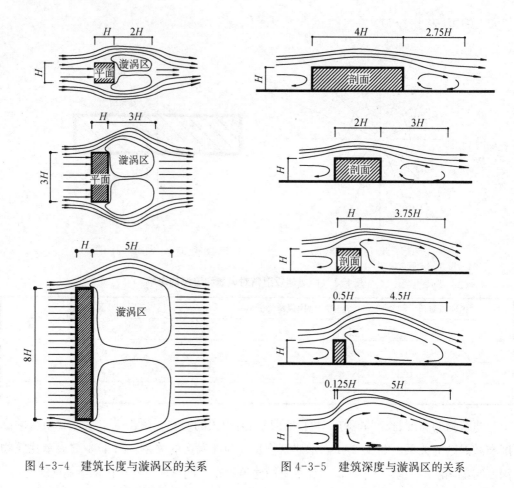

图 4-3-4　建筑长度与漩涡区的关系　　　图 4-3-5　建筑深度与漩涡区的关系

建筑的平面和剖面的设计，除了满足使用条件以外，在炎热地区应该尽量做到有较好的自然通风。为此，同样有一些基本原则可以供设计师参考。

（1）主要的使用房间应该尽量布置在夏季的迎风面，辅助房间可以布置在背风面，并通过建筑构造与辅助措施改善通风效果。

（2）开口部位的位置应该尽量使室内空气场的布置均匀，并且力求风能够吹过房间中的主要使用空间。

（3）炎热期较长的地区建筑物的开口面积宜大，以争取自然通风。夏热冬冷地区，建筑物的洞口不宜太大，可以采用调节洞口面积的方法，调节气流速度和流量。

（4）门窗的相对位置应该以贯通为好，减少气流的迂回和阻力。纵向间隔墙在适当的部位开设通风口或者设置可以调节的通风构造。

（5）利用天井、小厅、楼梯间等增加建筑内部的开口面积，并利用这些开口引导气流，组织自然通风。

下文介绍单体建筑周围风的基本型。风的型态有两种基本模式：层流——空气各质点很有规律的等速平行移动，我们可以预知其风速和风的流动路径；乱流——空气各质

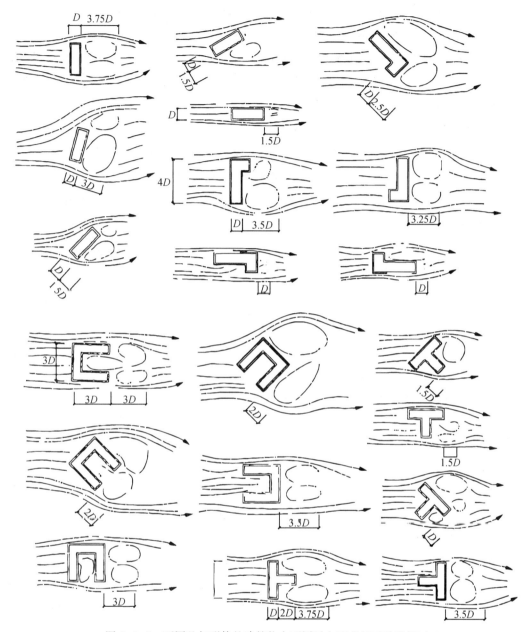

图 4-3-6　不同几何形体的建筑物在不同风向下背风面的漩涡区

点不规则的运动,测定乱流的速度和压力必须取各时间间隔的数值进行平均,而对乱流各质点的瞬间速度则很难准确测定。一般在工程上利用的气流,几乎全为乱流。在建筑的室内自然通风中则层流和乱流都有。在自然换气过程中,比如通过缝隙的气流以层流为主。建筑单体周围的气流变化,大致可以分成以下几种基本模式。

(1)在室外的层流遇到建筑物的阻碍时,大约在墙面高度的 1/2 处,层流分成向上和向下气流,左右方向则分为左右两支气流。

（2）当层流流经建筑物的隅角部位，会产生气流的剥离现象，气流与建筑物剥离，风速则沿着剥离流线加强，形成建筑物周围的强风区。

（3）沿着建筑物迎风面侧墙面的气流到屋顶后，气流发生剥离，然后其受层流上层的压力，逐渐下降 $3\sim6H$（H 为建筑的高度）的程度，然后到达地面，恢复原有的层流现象。

（4）在建筑的背后会产生回流乱流，沿墙面上升也会产生乱流气流。层流风吹过建筑物后会在建筑物的背后形成涡动区域。

（5）建筑物横向的风，在剥离之后，有下降的趋势，下降气流与下部的风合流会形成强力的风带，轻则影响行人的步行，重则可以破坏建筑物，这就是平常所说的高楼风。

（6）建筑物在迎风侧承受正压，在背风侧承受负压，这二者之间存在的压力差往往决定着乱流的流向。

自然风在越过建筑物后，必须至一定的距离（E），才能恢复到原状，我们称这个临界点为反压点（P），在反压点之内是负压区，区内会产生乱流。反压点距离建筑物的距离 E 和建筑物的形态（高度 H，面宽 L，纵深 D）密切相关。日本的佐藤鉴利用风洞实验测定出如下的结果（图 4-3-7）。

图 4-3-7(a) 当建筑物的高度（H）等于建筑物的纵深（D）时，建筑物的面宽（L）越宽，其反应点的距离（E）就越长，直到 $L/H=5$ 时，E 才趋于常值。

图 4-3-7(b) 当建筑物面宽（L）等于建筑物的纵深（D）时，$H/L>3$ 时，$E/L=1.6\sim1.4$，这说明高层建筑虽然其建筑高度很高，但是气流可以通过建筑物的两侧较便捷的通达建筑物的背后，不受建筑高度的影响。瘦高形态的高层建筑对风的阻碍性较小。

图 4-3-7(c) 当建筑的高度（H）等于面宽（L）时，有两种现象：一种是当 D/H 非常小时，即建筑物很薄，$E=2.5H$。另一种情况为 $D/H>1$，E/H 则在 $1.0\sim1.5$ 之间，且 $D/H>10$ 时，$E=1.4$。这一类型的建筑对其内部的自然通风极其不利，但是对于相邻建筑物的自然通风影响不大。

欲使建筑群中每幢建筑均能获得良好的自然风，必须对建筑形态加以充分的考量。在第一种的情况下，建筑物的形态呈扁长状，具有阻风的效果，而不利于通风。然而一般的多层和低层民用建筑中却以此种的建筑形态为主，因此在建筑的设计中，必须使各幢建筑之间有充分的距离。然而出于节约土地的原则，这种做法往往又不太现实，所以就要在建筑群的组合形态上来做文章。

4.3.2 群体建筑关系与风

建筑群的布局和自然通风的关系，可以从平面和空间两个方面来考虑。一般建筑群的布局有行列式，斜列式和周边式等。从通风的角度出发，错列式和斜列式比行列式与周边式的通风效果要好（图 4-3-8）。当采用行列式布局时，建筑群内部的流场会因为风向投射角度的不同而有很大的变化。错列式和斜列式可以使风斜向导入建筑群的内部，有时候也可以结合地形采用自由式的排列方式。至于周边式则很难使风导入，这种布局

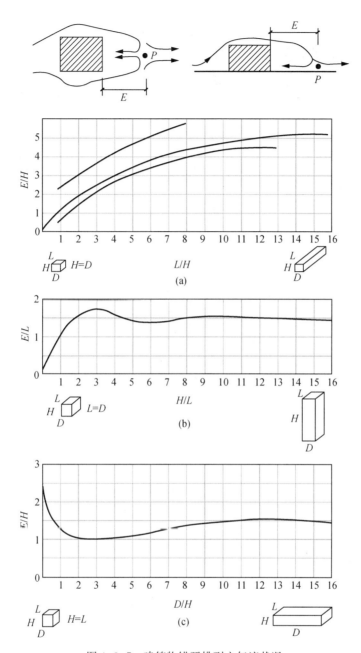

图 4-3-7　建筑物错开排列之气流状况

方式只适合冬季寒冷地区。

　　建筑群之间的通风,常常以建筑间距作为通风评价的标准。但是建筑单体周围的空气流动的基本模式尚不足以说明建筑群的自然通风状况。日本的藤田高司利用风洞实验,测定各排建筑物迎风面和背风面的风压系数差,并以此作为建筑群通风效率的评估标准。其实验的结果如下(图 4-3-9)。

　　(1)当建筑物的建筑形态采用 $H=2D$ 时(一般 5 层的多层住宅即是这种类型的建

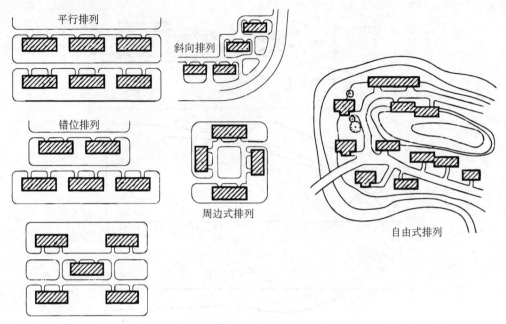

图 4-3-8 群体建筑的布局方式

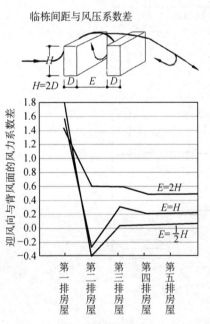

图 4-3-9 建筑群通风的气流情况

筑),若 $E=\frac{1}{2}H$(E 即建筑间距),等于前排建筑高度的一半,第三排建筑物以后的风压系数差几乎为零,换句话讲,就是这样的设计,自然通风效果很差。

(2)当 $E=H$ 时,即建筑间距等于前排建筑高度,第三排建筑物的风压系数差为 0.3 左右,比前一种的通风状况要好些,但是也不是很理想。因为要达到较佳的通风效果,风压系数差需要达到 0.5 左右。

(3)当 $E=2H$ 时,第二排的建筑的风压系数差可达 0.6,第三排的建筑以后的风压系数差也可达 0.5 以上,这时就可以达到较满意的自然通风效果。

在建筑群中,当不同建筑高度的房屋穿插排列时,则对低层建筑物的通风状况非常不利,而对高层建筑的通风状况影响不大。当高低层建筑物分开排列时,若低层建筑处于高层建筑之前,那么靠近高层建筑物的那排建筑物会出现风的逆流现象;若低层建筑处于高层建筑之后,则高层建筑之后的第一排低层建筑的通风效果会非常差,因为高层建筑与其后面第一排低层建筑的间距很难达到高层建筑的两倍层高,即 $E=2H$。

除去建筑间距外,建筑群中的通风问题还与巷道的方向和长度,围墙的形式有关,这些也都是建筑师在设计时要充分加以考虑的因素。

组合形态的建筑比如"工"字、"口"字、"日"字形建筑物,可以被看作是多排建筑的组合,其第二排与第一排房屋的间距或者中庭的空间形态,尺度均会影响到后排房屋的通风效率。

如果风向和建筑物的面宽垂直时,建筑物腹部的通风效率会很差,即使风向与建筑物的面宽成一定的角度,建筑物腹部的通风效率还要取决于建筑物翼部的长度。改善这类组合式建筑通风效率的方法有以下 2 种:①加大房屋之间的距离,增加中庭的尺寸;②使建筑物变得通透,避免产生封闭的建筑型态,即在建筑物的各个方向上留设穿透空间,促使夏季的凉风能够穿越前排房屋到达后排房屋,因为夏季风向的不稳定性,需要在多个方向上留设穿越建筑物的洞口。

4.3.3　植物与风

植物按照形态大致分为草皮、灌木、常绿乔木和爬藤等 4 类。在建筑环境设计和造园计划中他们是常用的绿植元素,不同的植物形态,他们对通风的影响也各不相同。

（1）草皮

草皮的主要功能在于吸收太阳的辐射热,再利用太阳的辐射热进行草皮叶面的蒸发作用,通过这双重作用来降低地表的温度。如果建筑物周围广植草皮,并且配合建筑物的低窗,可以获得凉爽的气流。如果建筑物的周围是混凝土路面或者是柏油路面,则从里面吹到室内的气流比一般的空气温度还要高,应该尽量避免这种状况的出现。

（2）灌木

在建筑四周和造园当中,常常使用灌木丛。但是没有合理配置的灌木丛往往对通风十分不利,紧靠建筑物的密集灌木丛只会增加空气的温度和湿度,并且由于它的高度刚好阻挡住室外的凉风进入室内,严重影响夏季的通风。因此应该合理配置建筑物周围的灌木丛,灌木丛最好离开建筑外墙 4 m 左右,处于这种位置的灌木丛不但不会影响到通风,而且离窗 4 m 左右的灌木对进入室内的风还会有下压作用。

（3）常绿树

常绿树因为其茂密的树叶,能够遮挡住大部分的阳光辐射,提供有荫凉的树下空间,当空气流动到树下时,气流的温度得以下降,同时也可以获得良好的通风效果。但是进行栽植时,要注意植物的行距,以免形成密集的树林,这样的树林反而会严重阻滞空气的流动,对通风不利。

（4）爬藤

爬藤植物可以形成棚架,具有树阴的效果,也可以爬附在墙面上,防止外墙接收太阳的辐射热。如果要在建筑物的开口部位设计爬藤以遮阳,这时,要在爬藤植物和建筑的开口处留设适当的通风空间,避免爬藤阻挡住空气的流动。

树木的种植位置对室内的自然风的获得有很大的影响,如图 4-3-10 所示当开窗洞口和风向平行时,风不一定吹入室内;倘若如图4-3-11、图4-3-12所示合理配置植物,同样的建筑平面和风向,利用灌木和围墙则可以将室外自然风导入进室内。

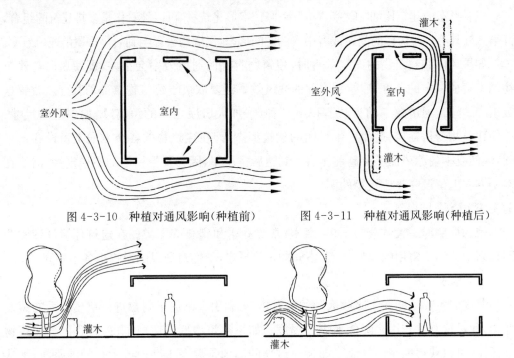

图4-3-10　种植对通风影响(种植前)　　图4-3-11　种植对通风影响(种植后)

图4-3-12　植物配置与建筑通风

4.4　室内通风

4.4.1　室内通风概论

4.4.1.1　通风的定义

通风与换气在物理学范畴内是同一个意思。但是在建筑风环境的研究当中,它们却是两个不同的概念。在英语中,通风称为 cross ventilation,而换气则为 ventilation。通风本身并无法降低温度,通风的目的在于利用气流直接吹到人体上,以便在湿热的气候下,通过蒸发作用,增加人体的散热量。换气的目的在于确保室内空气的卫生状况,将新鲜空气导入室内,将不良的空气排到室外,控制室内 CO_2 和其他有害气体的含量。一般情况下,通风含有换气的意义,室外空气质量正常的话,通风良好的室内,其空气必定满足人体的健康要求。但是通风必须是在有感风速的情况下进行,而换气则无此要求。

通风是湿热气候地区夏季为达到舒适室内环境,所采用主要的手法。在我国的华南、华东等地区,夏季不但长,而且湿热。在建筑设计时,要充分考虑到建筑的开洞,以便利用通风,将夏季的室外风导入室内的生活工作区域,促进人体的散热,把多余的热和湿气带出室外。然而在冬天寒冷的气候,室内的换气则应该尽量避免寒风对人体的侵袭,否则会造成人体的不适。

有些通风虽然与人体没有直接关系,比如为了防湿目的,在地板下面进行的通风,对壁橱内外进行的通风;为了隔热的目的,建筑阁楼和屋顶架空层的通风,其作用对象主要是建筑物或物品,但是如果没有考虑到用通风来除湿或者隔热的话,造成的后果也可以严重妨碍使用和影响到人体的舒适,所以建筑师对此也不应该忽视。

4.4.1.2　开窗位置与室内通风

夏季通风的主要手法是将室外的自然风引入到室内,到达人体的作业空间,并且能够保证适当的风速,借此提高室内的舒适度。开窗的位置无论是在平面上还是立面上均会影响到室内气流的路径。现以利德(Robert H. Reed)的实验结果对此加以说明(图 4-4-1)。

图 4-4-1(a)为风吹到一面密闭墙面的状况,在图中的深色区域为迎风墙面的正压区,气流在两侧墙角处与墙体剥离,然后再流到建筑物的后面,经过反压点后,气流恢复到原来的气流状态,并且在房屋后面,反压点之内的范围内形成负压区。

图 4-4-1(b)为风吹到一面中央设窗的墙体时的状况,这时原有的正压区一分为二,但是房间无出气口,所以室内的空气很快达到饱满,随后恢复到原有的正压状态。因没有出气洞口,房间内并没有明显的通风行为,只有在外部风压发生变换时,为平衡气压,室内的空气才会发生换气。

如果在下侧墙开窗,则通风行为随即产生,如图 4-4-1(c)所示。这时,若将进气窗上移,那么因为迎风墙的两部分气压不等,下半部分的气流正压较上部大,会把气流挤向室内的右上角,最终的结果是气流的路径比图 4-4-1(d)所示的要长。由此可以看出后者的通风效率高于前者。在此基础上,倘若在进气窗的下侧加设挡风板(或者垂直遮阳板),则下侧的正压气流不会对引入气流造成挤压,只剩下迎风墙上部的正压气流,其结果是入侵气流从进气窗处直接流向出气窗,如图 4-4-1(e)所示,这种情况的通风路径最短,通风效果当然也是最差的。

通过上面的通风实验可以发现,正压区气流挤压状况由迎风面墙体进气窗两侧实墙的大小决定,而与出气窗无关。这种状况在立面上也一样。如图 4-4-1(f)所示,当在剖面上开窗偏低时,气流受上面实墙气流正压力的挤压,迫使进入室内的气流偏下吹入,一直流至室内后墙,再沿着后墙上升,通过出气窗流到室外。而在图 4-4-1(g)中的状况与之恰恰相反,入气窗的位置相对外墙来言偏高,致使下侧墙面的正压气流将进入室内的气流向上方挤压,迫使气流向上流入至天花板,并沿着天花板流到出气窗而后流出到室外。图 4-4-1(h)的情况则如(f),这也再次说明气流路径的偏向与出气口无关,而是由迎风面墙体进气洞口位置决定。如果如图 4-4-1(i)、(j)、(k)所示在窗前加设水平遮阳板,窗上侧的气流压力因为遮阳板隔断而不会作用于入室的气流上,气流仅仅受窗下侧的挤压作用,这样入室气流也是向上吹至天花,并沿天花到达后墙,再通过窗流到室外。这种通风情况因为气流没有流经作业区域,对人体没有帮助,应该予以避免。有两种方法可以加以避免:一是如图 4-4-1(m)所示,用挑檐代替遮阳板,以此确保上部的挤压力大于下部的。二是将遮阳板与建筑物脱开一定的距离,如图 4-4-1(l)所示,这样窗上部分的正压气流就不会被隔断而可以有效地作用在进入室内的气流上。如上所述,开窗的相对位置,不论是平面位置,还是剖面位置,直接影响气流路线。图 4-4-2 表示多种建筑物开口位置对室内气流影响的示意图。这就要求建筑师在建筑设计的时候应该依照对室内气流场的要求调整开口位置,以取得良好的通风效果。

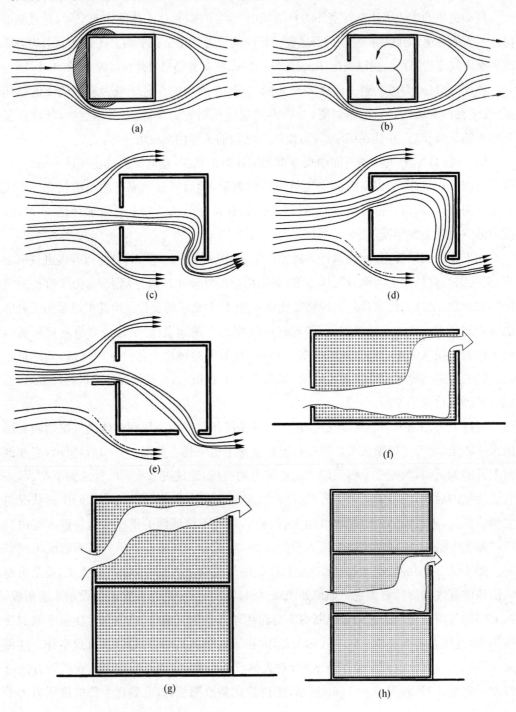

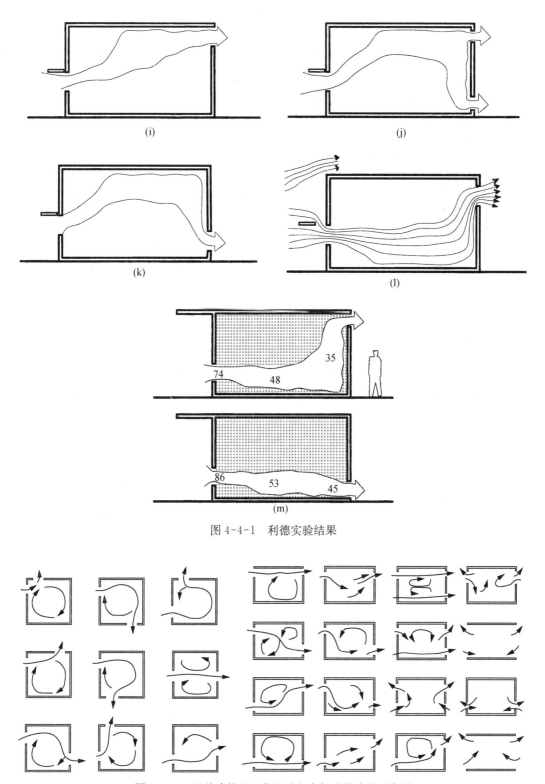

图 4-4-1　利德实验结果

图 4-4-2　几种建筑开口位置对室内气流影响的示意图

4.4.1.3 开窗形式与室内通风

窗户的形式也会影响气流的流向。如图 4-4-3 所示,当采用图示的悬窗形式时,会迫使气流上吹至天花,不利于夏季的通风要求,因此,除非是作为换气之用的高窗外,不宜在夏季采用这种类型的窗户。窗扇的开启形式不仅有导风的作用,还有挡风的作用,设计时要选用合理的窗户形式。比如,一般的平开窗通常向外开启 90°角,这种开启方式

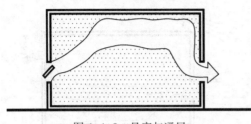

图 4-4-3 悬窗与通风

的窗,当风向的入射角较大时,会将风阻挡在外,如果增大开启的角度,则可有效引导气流。此外,落地长窗、漏窗、漏空窗台等通风构件有利于降低气流的高度,增大人体的受风面,这在炎热地区是常见的构造措施。还有百叶窗、百叶遮阳板,对风均有积极的引导作用,在使用时,要特别注意其导向作用和室内的需求是否一致。

4.4.1.4 开窗面积与室内通风

夏季通风室内所需气流的速度为 0.5～1.5 m/s,下限为人体在夏季可感气流的最低值,上限为室内作业的最高值(非纸面作业的室内环境不受此限制)。一般夏季户外平均风速为 3 m/s,室内所需风速是室外风速的 17%～50%。但是在建筑密度较高的区域,室外平均风速往往为 1 m/s,往往不能满足室内风环境的需求,所以开窗除了换气的作用之外,更要确保室内的气流达到一定的风速。

房间开口尺寸的大小,直接影响到风速和进气量。开口大,则气流场较大;缩小开口面积,流速虽然相对增加,但是气流场缩小。因此开口大小与通风效率之间并不存在正比关系。根据测定,当开口宽度为开间宽度的 1/3～2/3,开口面积为地板面积的 15%～20%时,通风效率最佳。

一般利用空气动力学的原理,控制进气口的面积和出气口的面积,可以改变进气风的速度和出气风的速度。如果进气口大,出气口小,那么流入室内的风速小,出气口的风速大;如果进气口小,出气口大,那么流入室内的风速可以比室外的平均风速大,因而可以加强自然通风的效果。图 4-4-4 则说明利用风速比(室内风速和室外风速的比值),判定入气口与出气口大小之间的关系。图 4-4-4(a)中房间并无出气口,这时室内只有换气,而没有通风。图 4-4-4(b)中,开有洞口高 0.6 m 的出气口,和进气口尺寸相同,这时进气口的风速极慢,入口处的风速为外面风速的 62%,室内的风速更低。图 4-4-4(c)开有洞口高 1.2 m 的出气口,比进气口的面积大,因此入口处的风速明显超过室外的风速,内部气流的速度也得到加强。图 4-4-4(d)中,出气口为洞口高 1.8 m,远大于进气口,这时进气口处和室内的风速更大。

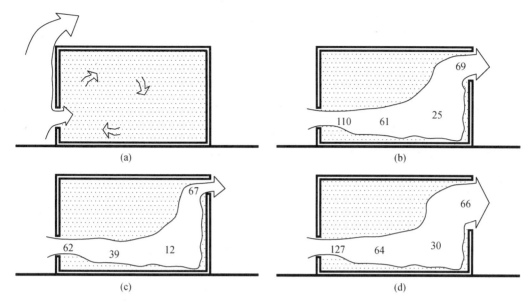

图 4-4-4　开窗大小与风速比的关系

4.4.1.5　室内设计与室内通风

除了上述影响室内通风的因素,室内设计中的各种要素也对室内的通风环境有一定的作用。这方面的因素,视不同室内空间形态的具体情况而定,一般包括有室内家具的不同的布置、室内隔墙隔断的布置、室内陈设品的放置、天花吊顶的形式、内部人员的活动等。

4.4.2　开窗洞口高差的影响

4.4.2.1　洞口高差

根据自然风形成的热压作用的原理,进气,排气之间热压的大小和其之间的高差成正比,所以要加强风速,建筑物的进,排气口一定要有高差。在建筑设计中造成洞口高差的方法有以下几种:

(1)可以通过门窗洞口等建筑构件的合理设计造成一定的洞口高差;

(2)通过中庭设计,形成具有拔风作用的烟囱效应;

(3)利用建筑构筑物以及其他,例如绿化(常绿树,绿篱)等手段形成进气、排气之间的高差。

4.4.2.2　窗洞高差通风反应的实验

通风模拟实验装置由硬木钉合而成,正面为透光玻璃,背面为黑纸,整个装置的密封性良好,在其内部空间的右侧布置近 30 根 Φ5 的金属喷管以及内部的滴油槽,在电加热的作用下,滴油槽中的化学物质气化产生较浓的青烟,在风机吸风的作用下,青烟沿着空气走向流动,通过玻璃面可以清晰观察内部空间的空气流动轨迹,并且能够目测青烟的推进速度,以此来比较不同实验条件下气流速度情况。

此项实验的目的,在于论证由于洞口存在高差而导致的气流路径变化和其初步定量计算。为此设计了如图 4-4-5(a)所示的剖面模型,在这个模型上,有三个高度的洞口,分别为洞口 1、洞口 2、洞口 3,上风向有进气口 A,其中洞口 1、洞口 2、洞口 3 可以关闭和开启。

情况一:当洞口 1,洞口 2 开启,洞口 3 关闭,这时进气口 A 的速度为 0.02 m/s(平均值),烟线直接,无明显的涡流产生,洞口 2 的风速和洞口 1 相同,如图 4-4-5(b)所示。

情况二:当洞口 1 关闭,洞口 2,洞口 3 开启时,进气口 A 处的风速为 0.03 m/s(平均值)。烟线流畅,左下角有部分涡流,洞口 3 和洞口 2 处的风速基本相同,如图 4-4-5(c)所示。

情况三:当洞口 2 关闭,洞口 1,洞口 3 开启时,进气口 A 的速度为 0.03 m/s(平均值)。烟线流畅,无明显的涡流,这种情况下,洞口 3 比洞口 1 处的风速快一些,如图 4-4-5(d)所示。

通过上述洞口组合的烟线实验结果可知,出风口相对位置较高时,进气口 A 的速度有较高值,同时模型内部的气流速度也较大。

以下是对三种单项洞口情况的模型分析,其实验过程如下:

情况四:当洞口 1 打开时,气流比较流畅,基本上为水平直线流动,进气口 A 的风速比情况一稍小,如图 4-4-5(e)所示。

情况五:当洞口 2 打开时,气流明显上升,洞口 A 处的风速稍稍提高,可以看见有涡流存在,如图 4-4-5(f)所示。

情况六:当洞口 3 打开时,气流畅通,洞口 A 处的风速提高,如图 4-4-5(g)所示。

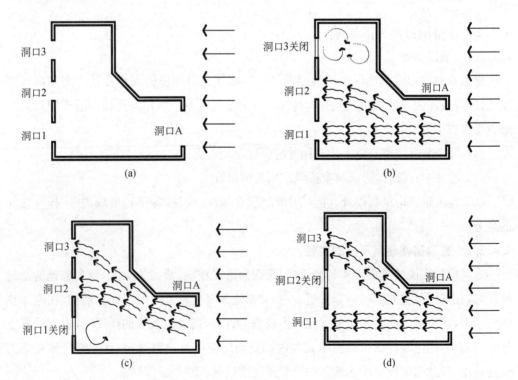

洞口3 洞口A (a)

洞口3关闭 洞口2 洞口A 洞口1 (b)

洞口3 洞口2 洞口A 洞口1关闭 (c)

洞口3 洞口2关闭 洞口A 洞口1 (d)

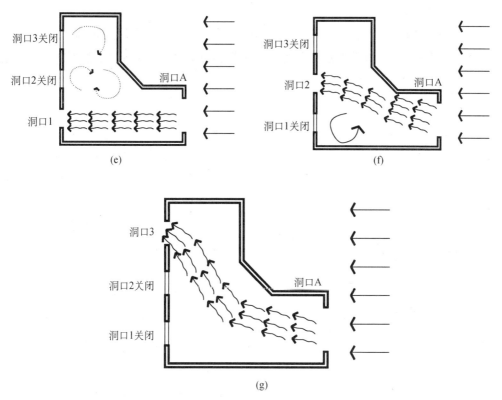

图 4-4-5　窗洞高差通风反应实验

4.4.2.3　通风原则

从上面的通风实验的结果以及其反映出的通风规律,我们可以得出以下的通风原则。

（1）建筑室内通风的就近原则

当气流从进风口进入室内,其通风路径将按照就近原则指向出风口,即通风流向以最直接的对位洞口关系为准。在情况四,五,六的比较中,情况四符合通风的就近原则,无明显的涡流,而比较于情况五,则有涡流产生,影响通风的质量。

（2）建筑室内通风的趋上原则

由于建筑物的室内外存在温差,根据流体力学和热力学原理,其热压作用可以使进入室内的空气呈现上升的趋势,一切符合气体流动规律而设置的洞口之间的位置关系,都可以有效的改善通风质量,从情况六可以看出,虽然洞口之间无法反映就近原则,但是其满足趋上原则,故其气体流动较快,风速较高。

（3）建筑室内通风就近原则和趋上原则的协作性

一旦在建筑设计中,门窗洞口的相对位置确定以后,室内的通风规律将会同时遵循就近原则和趋上原则,建筑师应该在进行设计时,使自己有意识的遵循这两个原则,解决好通风计划和建筑设计的协调,发挥二者的协同作用,改善室内风环境的质量。

4.4.3 挡板与通风

建筑物外部设置挡风板对室外的气流引导以及改善室内通风质量起很大的作用,建筑师在进行设计时,应该科学合理利用这一建筑构件,使得其发挥对自然通风调节和控制的作用。

4.4.3.1 住宅遮阳挡板的正负效应

建筑遮阳的做法由来已久,从印第安人的山体深檐到柯布西耶的阳光控制,都是为了使得居住空间免受阳光的直射。同时,在冬季因为太阳入射角较小,遮阳板又不会阻挡太阳照射进入室内,因此,建筑遮阳板被广泛应用于住宅建筑之中。夏季遮挡阳光,使室内空调荷载减小;雨季遮挡雨水,保护窗户。但是,设置不当的遮阳板,会阻挡室外风进入室内,对建筑自然通风造成不良的影响。更为严重的是,设置不当的遮阳板还会将下层住户排出的废气(比如烹饪时产生的油烟,空调废气等)倒灌入室内。因此,遮阳板的导风、防风的问题也值得建筑师们关注。

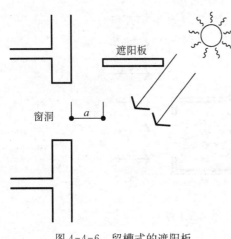

图 4-4-6 留槽式的遮阳板

对传统的遮阳板进行改造,做有益的尝试是建筑设计创新活动之一,如图 4-4-6 所示。这种留槽式的遮阳板,通过在遮阳板与建筑外墙之间流出缝隙,来综合解决其对通风,防倒灌风影响。

4.4.3.2 建筑挡板的导风作用

其实,通过在墙面洞口和门窗处加设导风板来引导风向做法,由来已久,在大量的传统民用建筑中广泛被采用。归纳起来,可以分成四种挡板导风系统,见表 4-4-1。

表 4-4-1 四种挡板导风系统

名称	简图	通风效果示意图	说明
集风型			通过室外围合挡板可以将室外气流聚集,提高进入室内的气流速度
挡风型			通过垂直板将室外气流引入室内

（续表）

名称	简图	通风效果示意图	说明
百叶型			通过百叶,对气流进行人为调整,下压气流覆盖了人群高度
双重型			通过挡板在风口形成了气流的正负压,成为通风的动力

建筑上面的挡风板还以调节风力的正负压,在出风口设置挡板,如图 4-4-7 所示,可以使出风口避免室外气流的影响,产生负压区,同时由于挡板的作用,可以将出风口的中轴面提高,增加进风和出风洞口的高差,以此来提高风速。

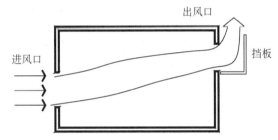

图 4-4-7　利用挡板提高出风口中轴面

4.4.4　室内通风半定量分析

本节的内容是介绍通风流线经过区域的风速状态,以基本定量方法来指导建筑设计,利用工程流体力学原理来讨论建筑室内自然通风的初步定量问题。

流体工程伯努利(Bernoulli)方程是表达能量守恒定律的一种方式.

$$Z_1 + P_1/r + V_1^2/2g = Z_2 + P_2/r + V_2^2/2g + h_\omega \tag{4-4}$$

式中:Z_1——位置水头(J),表征单位重量液体的位置势能;

P_1/r——压力水头(J),表征单位重量液体的压力势能;

$V_1^2/2g$——速率水头(J),表征单位重量液体的动能;

h_ω——损失水头(J),即流动阻力和能量损失。

4.4.4.1　伯努利方程的建筑性

以类比的方法来的推导,将建筑(一幢建筑)整体单元化,即以每一幢建筑的开间为一个单元,并在开间的两端均开有洞口,以此近似的方法进行类比,建筑的室内有明显的管道特征,并将空气流经的区域作为流场。这样就可以引入伯努利方程来研究风速。

如图 4-4-8 所示为建筑单元剖面图,Ⅰ、Ⅱ为两个界面,分别存在 Z_1、P_1、V_1 和 Z_2、P_2、V_2,为了使该方程具有建筑性,我们作如下的分析。

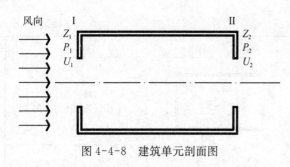

图 4-4-8 建筑单元剖面图

建筑室内流动空气运动属于稳定流动,即是通风流线是一定的,可以类比为定常运动;空气(质点)流动有倾向性,即空气总是由进风口流向出风口,由于室外风压的作用,其存在向前流动的趋势,此可类比为有势运动。由于建筑室内的不封闭性,室内通风不存在空气压缩。通过以上所述,得出伯努利方程适合建筑室内的通风量讨论,并成为理论分析的基础。

4.4.4.2 建筑通风的伯努利计算基础

(1) 确定公式

$$H_1 + P_1/r + V_1^2/2g = H_2 + P_2/r + V_2^2/2g + h_\omega \tag{4-5}$$

式中:H——建筑洞口的相对高度(m);

P——建筑洞口的风压(N/m^2);

V——建筑洞口的风速(m/s)。

变换得出:

$$P_1 - P_2 = r\left[(H_2 - H_1) + (V_2^2 - V_1^2)/2g + h_\omega\right] \tag{4-6}$$

式中:$H_2 - H_1 = \Delta H$(洞口高差)

$P_1 - P_2 = P_\omega + \Delta P$(风压差+热压差)

其中:

$$\Delta P = \Delta H(\rho_e - \rho_i)g \tag{4-7}$$

h_ω——流动阻力和能量损失,称作"沿程损失"。

风压差 P_ω 可以按照一定的公式,近似计算。

(2) 沿程损失(h_ω)

沿程损失在工程流体力学上是确定流管壁面阻力,断面变化等因素造成的阻力情况,在建筑室内空气计算中讨论的沿程损失,即是表达建筑因素(门,装修,构造)对通风所造成的干扰影响,讨论建筑学中的 h_ω 显得十分重要。

沿程损失:

$$h_\omega = \sum h_f + \sum h_j \tag{4-8}$$

式中:h_f——沿程阻力,数值大小和路径成正比,在建筑室内通风讨论时,主要是度量围护结构粗糙度,即装修、陈设、人员活动对通风的阻力;

h_j——局部阻力,主要取决于断面变化,方向改变和局部装置(阀门)等。在建筑室内主要表现在墙体和窗洞面积变化对气流的影响。

为了简化计算,将局部阻力(h_j)以参数 S 方式参与到 h_f 的计算中,按达西公式(Darsy)沿程损失计算式可变换为:

$$h_\omega = S \cdot \sum h_f = S \cdot \lambda \cdot (l/d) \cdot (r^2/2g) \tag{4-9}$$

式中: S——局部阻力建筑学适用折合参数;

　　　λ——沿程阻力参数(无量纲);

　　　l——流程长度(m),表现为建筑室内通风的流程总长;

　　　d——管径(m),表现为室内断面的尺寸值,需要按照水力半径(R)进行计算, $d=4R$;

　　　v——平均流速(m/s),表现为室内平均风速,一般是进风速和出风速的平均值;

　　　r——流体重度(N/m^3)。

前提:稳定流动的,定常运动质点流动有倾向性(进风口到出风口),有势运动。ρ(空气密度)$=1.293$ kg/m^3,即 $r=12.67$ N/m^3。

(3)求 S 值

S 值是为了简化计算而将局部阻力(h_j)折算而成,是表征在建筑室内由于洞口面积,洞口相对位置等建筑设计因素造成的阻力情况。关于 S 值的取值原理,作以下的论证:

① 基本比值(G):局部阻力与沿程阻力最大的差别在于局部阻力是流道断面的突然变化,在建筑中就是墙体及其门洞对风流的阻力情况,为了便于讨论我们引入基本比值 G:即基本比值是建筑室内通风空间进风面积和出风面积的比值,G 值的大小取决于 A_{in} 和 A_{out},在此先不讨论洞口的相对位置。

② 调整系数(m):建筑室内的通风状况与洞口有关外,还与洞口的相对位置有较大的关系,有相同的 A_{in} 和 A_{out},但是位置不同时,那么其空间通风质量相差甚大,在此我们可以调整系数(m)来评价由于洞口相对位置差异造成的通风质量变化。综合前文有关通风定量,高差热压和风速压差所造成的通风现象的讨论与计算,我们对调整系数(m)进行如下定量(表 4-4-2),当窗洞错开和高差共同存在时,$m=(m_1+m_2)/2$,即取其平均值作为调整系数来评价局部阻力的情况。

③ S 值:据上所述,局部阻力(h_j)折算成建筑学适用折合参数(S)来计算,这样,将流体力学中的基本定义在建筑通风中应用,避免了很多十分繁杂的数字计算,以利于建筑师的使用,并掌握有关通风的基本规律,在此:$S-mG=m(A_{in}/A_{out})$。

(4)求 λ 值

流体力学告诉我们,以雷诺数(Re)来确定建筑室内气流状态分区,并以阻力平方区(也称作水力粗糙区)作为建筑室内通风的状态特征,此时 λ 求解与 Re 无关,只是相对粗

糙度 r_0/ε 或 d/ε 的函数,即:

$$\lambda = f \cdot (d/\varepsilon) = f \cdot (r_0/\varepsilon)$$

在建筑学应用中,我们近似地以尼古拉茨式(Nikuradse)来求 λ:

$$\lambda = 1/(1.74 + 2\log r_0/\varepsilon) \tag{4-10}$$

在此,要对建筑室内壁面或者陈设对通风的阻力进行定量,只需相应为建筑中适应的 r_0 与 ε 进行类比讨论即可得到:建筑室内横断面半径尺寸(r_0),用类比法按水力半径(R)求解,即 $r_0 = 2R$,对于 ε(粗糙粒径)的建筑应用讨论是与设计紧密相关的要素,以类比法,ε 在建筑学中就是室内干扰物(装修,陈设)等的计算尺寸值,由以下四个部分组成。

① 沿墙家具形成的 ε_ω

$$\varepsilon_\omega = [V(家具面积)/F(沿墙总面积)] \cdot K \tag{4-11}$$

式中,K 为家具状态系数,按表 4-4-2 取值。

表 4-4-2　沿墙家具状态系数 K 的取值

家具平面状态		$(V/F) \cdot K$
A	沿墙满铺	$K = 1$
B	单一沿墙	$K = 1 + 1/2$
C	多边沿墙	$K = 1 + 1/2^n$ (n 为家具数)

上表中,L(家具深度)$\leqslant 600$ mm,一旦家具深度>600 mm 时则作为中置家具考虑,中置部分为$(L-600)$mm。

② 中置家具形成的 ε_ω,见表 4-4-3。

表 4-4-3　中置家具形成的室内干扰物尺寸值

D	$H \leq 900$			中置	$(V/F) \cdot K$
E	$H > 900$	封闭		隔断	$\varepsilon_c = H/2$ $0.9 < H \leq 3.5''$
F		居中		隔断＋中门	$\varepsilon_c = (H/3) \cdot (1/2)$
G				隔断＋多中门	$\varepsilon_c = (H/3) \times (1 - 1/2'')$
H		单向		隔断＋侧门	$\varepsilon_c = (2H/5) \times (1/2)$
I				隔断＋多侧门	$\varepsilon_c = (2H/5) \times (1 - 1/2'')$
J		交叉		多隔断＋ 交叉侧门	$\varepsilon_c = (H/2) * (1 - 1/2'')$ H 为家具高度

③ 人员干扰形成的 ε_p，见表 4-4-4。

表 4-4-4　人员形成的室内干扰物尺寸值

住宅	0.08
宾馆	
办公	0.17
公共建筑	0.28
商场	

④ 顶棚装修形成的 ε_i，见表 4-4-5。

表 4-4-5　顶棚形成的室内干扰物尺寸值

类型	图示		条件		计算式
直接式吊顶	井格式		$a<600$ mm		以平滑式计算
			$a\geqslant600$ mm		$\varepsilon_i=h/a^2$
	密肋式		与通风方向一致		以平滑式考虑
			垂直时	$a<250$ mm	以平滑式考虑
				$a\geqslant250$ mm	$\varepsilon_i=h/aL(L=10$ m$)$
	无梁式				以平滑式考虑
吊式吊顶	浮云式	以浮云单元面积 S	$S<0.5$ m²		以平滑式考虑
			$S\geqslant0.5$ m²		$\varepsilon_i=p/S$
	平滑式	对通风影响不大			$\varepsilon_i\to0$
	分层式	$h=$高差总量 $a=$顶棚总面积			$\varepsilon_i=h/a^2$
	井格式	封闭式			按直接井格式讨论
		开敞式			$\varepsilon_i=h/a^2$

⑤ 叠加综合值：以算术平均数表达建筑室内总粗糙粒径值。

$$\sum\varepsilon=(\varepsilon_\omega+\varepsilon_c+\varepsilon_p+\varepsilon_i)/4 \qquad (4-12)$$

有关 S 和 λ 两个参数的讨论，就是针对建筑通风作为流体来讨论的，其通风阻力的评价方法，即通风阻力将来自墙体和洞口相对位置、面积大小和室内陈设、装修、人员活动等要素。通过给出一系列半定量评价值，以使建筑师能够掌握有关通风的基本特征；并且，按照影响室内自然通风的阻力因素（即沿程损失）的评价和初步定量方法，建筑师可比较清晰地明确各种阻力因素对自然通风的影响程度。与建筑设计有关的自然通风阻力因素主要来自建筑设计中窗洞比例以及位置造成的局部阻力 S 和室内陈设、装修等因素造成的沿程阻力 λ，为了有效提高建筑自然通风质量，建筑设计之中就要设法降低 S 值和 λ 值。

当 S 值越小，则阻力 h_ω 越小，故应有较大的出风口面积，并有良好的有益于通风的洞口相对位置。

ε 值:应该从中得出减少阻力 h_w 的家具方式,ε 尽量降低,这是建筑师与居住者应该注意的方面。

d 值:应该越大越好,在工程流体学中称之为管径,在建筑学中称之为通风断面,这就使得建筑空间以开敞为宜,即建筑的层高和开间应该尽量做大。

4.5　通风与防风的协调

建筑风环境的控制既包含建筑通风,又包含建筑防风。因为,风既可以为人们所用,也会给人造成伤害。建筑通风计划的目的包括:利用通风进行换气;夏季引导室外凉爽的气流进入室内,以创造舒适的室内环境;利用通风对建筑构件和其他物品进行除湿;利用气流带走热量以隔热。防风计划则包括:当不良气流造成对人体舒适度的损害时,对空气流速和流向等进行控制,阻止室内出现过速气流和过寒气流;避免室外出现有不良影响的强风;避免过大的风荷载,以免对建筑结构造成破坏;为保证空气品质,防止不良的烟气和其他品质不良的空气倒灌入室内。

建筑通风和建筑防风在建筑风环境的控制中具有相当的矛盾性。建筑师应该对其加以充分的分析,做好建筑通风与防风的协调工作,趋利避害。但是在建筑通风与防风的协调时,要做到两全其美,却是十分的不容易,这就要求建筑师不断提高自己在此方面的修养。在进行总图配置和单体建筑设计时甚至是在方案构思时,建筑师就要考虑到通风与防风的协调,否则,我们面对的也许不仅仅是一幢幢漂亮的建筑,同时也许是一场灾难。以下简单介绍一下解决通风和防风问题的几个策略。

4.5.1　季风的建筑配置

适用建筑类型:集合住宅,学校等。

(1)利用邻近的直街巷道及建筑物之间的空间引导风吹入基地。

(2)将建筑群之缺口或开放空间迎向夏季盛行风向,使风易于达到建筑群内。

(3)建筑群之配置宜将较大的开放空间置于上风处而将较小者置于下风处。

(4)建筑物对夏季风向错开排列(可免受前面建筑物之风挡作用)。

(5)应该使规则并列的建筑群朝向与盛行风向成一角度,可让风吹及每一建筑物。

(6)组合形态的建筑物如工字形建筑物的中心部位及口字形建筑物、日字形建筑物的中庭等,易造成风流的死角而产生通风不良的现象,解决对策是加大排与排之间距离及中庭尺度,或采用透空性的建筑物形态代替密闭式之形态。

(7)建筑配置于迎接主导风向的上风处,使建筑群其他部分获得适当的通风效果。

4.5.2　植栽控制与防风

适用建筑类型:一般建筑、低层建筑,如图 4-5-1 所示。

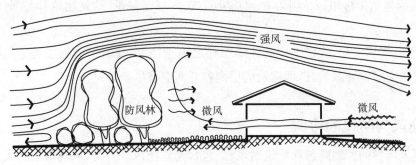

图 4-5-1　防风林的运用

（1）枝叶较疏的树可让凉风吹过，浓密的大树及林下灌木则可阻挡强风的侵袭。因此，在冬季季风盛行的方向种植浓密的常绿树或灌木丛，而在相反的方向种植下层开敞的乔木以利夏季的通风。

（2）防风林应与季节风盛行的方向垂直，而且在树高 5～10 倍距离范围内具有最佳的防风效果。

（3）建筑物的通风口最恰当的位置应是风面的低矮处，因此在夏季季风的主导风向上如需植栽，应选择下层宽敞的落叶乔木，并应避免种植灌木阻挡季风的通风路径。

（4）庭院有计划植栽配置可以将气流有效的偏移或导引，使气流更适于建筑物的通风计划。

（5）若利用蔓藤架作为开口部的遮阳，必须在窗口爬藤间留设适当空间，以免阻挡原有的气流。

（6）建筑物或活动频繁的场所应安置在有遮阳树木或大片草坪等有冷却空气效果区域的下风处。

4.5.3　善用地形风

建筑物之前后院，因铺面材料、植材、方位不同，也会造成日夜不同的风向，例如一般的三合院农家，前院多为晒谷场，后院为防风林，晒谷场的升降温较快，因此白天吹后门风（花园风），夜间吹前门风（前庭风）。

由于建筑周围比中庭升降温快，所以白天吹出庭风，夜间吹入庭风。

位于都市的建筑物，由于路面比街廓内升降快，白天吹出街风，夜间吹入街风。因此位于街角之建筑有利于通风。

室内中庭可利用浮力通风原理，四周自然通风，并在中庭上方设通风控制口，夏天开启以利通风、冬天关闭以防风寒。

4.5.4　建筑风之防治

适用建筑类型：一般建筑，高层建筑。

建筑风的定义：由于风与大楼间的相互作用，而使风速于建筑物周围产生局部增大变化的现象称为建筑风。由于建筑风不但影响结构耐风性能，甚至带来生活上的困扰，如行人的安全与舒适,乃至产生大楼风害。

4.5.4.1　立面

(1)基座型(底层扩座型)建筑

① 将高层建筑物下层部分规划为一大片的低层建筑物。

② 底层建筑物的设计高度必须比周围的建筑物高,以避免剥离风影响周围的低矮建筑。

(2)中空化建筑

① 于建筑物立面中段位置设一大的开口部,使风能穿透而过,如此可减低下降风的风速。

② 建筑物中空层设置的位置接近受风面的气流分歧点附近,其风速增加领域为最小。

(3)邻栋间通廊顶盖

为防止高层建筑物受风面与低层建筑间的通路、入口处的逆流风对行人活动的影响,于上部设置顶盖或防风屏蔽。

4.5.4.2　平面

(1)建筑平面转角处理

① 角部作锯齿状处理,使迎风侧上游处面积小,而下游处面积大。

② 将建筑物平面进行流线型处理,以减低剥离风及下降风的风速增加领域。

③ 当建筑物平面越接近圆形时,则风速增加领域越小。

(2)墙面凹凸变化

① 将建筑物墙面做成凹凸状,以阻扰气流,降低横切建筑物侧面的风速。

② 建筑物墙面凹凸状变化,可借遮阳板或增设阳台方式处理。

(3)配置安排

① 建筑物长边与长年风向平行。

② 加大建筑物群邻栋间隔,避免产生局部峡谷风。

4.5.5　开窗与通风

(1)开窗应与室内走廊上的高窗相互配合,以利整体通风。

(2)开窗应与挑空空间形成一个连贯的流通空间。

(3)当开口位置只能面向西晒面时,应在西晒面的开口外侧设置水平及垂直遮阳板(导风板)。

(4)开窗应与导风板的配置形式相互配合,以利室内空间获得充足之气流。

(5)因地制宜,视当地气候及环境条件决定,例如日射强烈地区东西向应避免开口,而以热控制为主(即开口部较小)。季风稳定地区则以通风为主(即开口部较大)。

(6)视建筑物之使用类别而定,如必须使用冷冻空调设备之建筑物(旅馆、办公大楼、商场),开口部面积应减小以降低热负荷;而住宅、教室等非空调型建筑物,开口部面积可增加以利通风、采光。

4.6 高层建筑风环境

4.6.1 高层建筑群体中,风洞效应造成的"恶性风流"因素

风环境是近些年高层建筑大量建设之后才引起重视的问题,除安全问题要考虑外,更重要的是风流恶化给高层建筑洞口(窗口等)造成的风雨渗透强化的复杂问题。高层建筑组群关系不好或建筑单体形状不佳均会造成"恶性风流",如:

(1) 高层建筑角落部分形成猛烈气流的"角落效应"(图 4-6-1)。

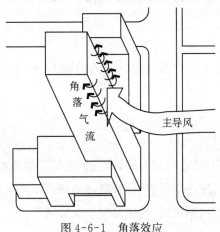

图 4-6-1 角落效应

(2) 被吸入建筑物背风面真空区而形成激烈下旋湍流的"尾流效应"(图 4-6-2)。

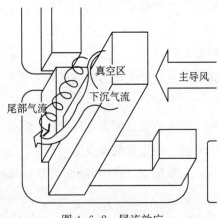

图 4-6-2 尾流效应

(3) 建筑物紧密相依而形成狭长空间,形成气流的"通道效应"(图 4-6-3)。

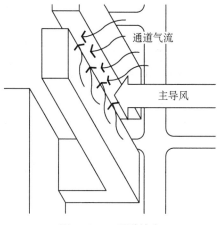

图 4-6-3　通道效应

（4）高大建筑物角部相对而造成的"漏斗效应"（图 4-6-4）。

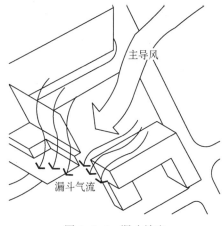

图 4-6-4　漏斗效应

（5）高层建筑平行排列而形成相互避风的"屏障效应"（图 4-6-5）。

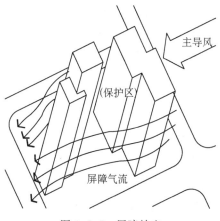

图 4-6-5　屏障效应

4.6.2 高层建筑与周边建筑之间的风环境

如果在高层建筑的上风向有多层建筑(图 4-6-6、图 4-6-7),风的气流冲向高层建筑的迎风面时,会产生一个气流停滞点,位置大约在高层建筑高度的 3/4 处。气流在此点处辐散,一部分空气越过屋顶,于背风区内产生背风漩涡,其余的气流大部分沿着迎风面向下,增强多层建筑的背风漩涡,并且在地面产生一个很强的漩涡。剩下的气流偏转而绕到建筑物的两边,成为转角流,这些气流再转回来,形成马蹄形,如果建筑物的下层由柱子支撑,或者下面有人行道,那么迎风面的下降气流将会产生一种喷射形式的穿越流。在此种状况下,建筑物可以将流动较快的高层气流偏向地面,非但不会阻碍有害气流的产生,反而使建筑下部的风速增强,尤其是在漩涡流、穿越流,以及转角流的地方,效果更加明显,有些区域风速甚至可以增强 3 倍。

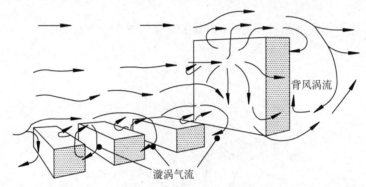

图 4-6-6　建筑高度几乎相等的建筑物和上面的气流型

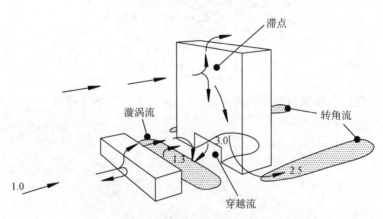

图 4-6-7　一幢很高的建筑物附近的气流型

在高层建筑林立的城市中心区,建筑风环境的情况就更加复杂,由于建筑物对风速和涡流的增强作用,在建筑物的底层往往会形成危险的风环境,甚至会对人的安全构成潜在的威胁,尤其是对于老年人和体力弱的人群。比如在一幢超高层建筑的底层附近,风速有可能增强 4 倍,风力的增加是风速的平方,那么在此处的行人所受到的风力是原来风速的 16 倍。

解决高层建筑的风环境问题并不简单,政府的规划部门在高层建筑立项审批的时候要充分考虑到该幢建筑物对周围风环境的影响因素。当然,由于商业或政治原因,高层建筑仍旧是不可避免的,以下提供一些解决高层建筑风环境问题的方法(图 4-6-8)。

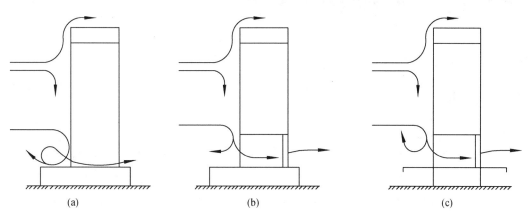

(a)　　　　　　　　　　(b)　　　　　　　　　　(c)

图 4-6-8　高层建筑风环境问题的方法

这些设计手法的作用在于减少气流在迎风面向下的底层效应。一种方法是将建筑物的主体加在一、二层楼高的裙房上面,如图 4-6-8(a)所示,强风到达裙房的顶部就会受到限制;如果裙房上部还有可供气流穿越的通道,如图 4-6-8(b)所示,效果更佳;同理,如若在高层建筑的一、二层加设出挑的平台,且平台上面留有通风洞口,如图 4-6-8(c)所示,也可以有效地解决问题。

第5章 节能建筑控制技术

5.1 概述

5.1.1 背景和意义

20世纪70年代初,石油危机出现以后,能源问题备受各国重视,纷纷进行研究,采取对策,但并未得到根本解决。70年代末,能源问题被列为人类面临的四大问题之一(其他为粮食、人口、环境问题)。40多年来经过各国多方探索,能源问题的严峻形势逐渐显现出来,许多发达经济体已经在深入开展建筑节能工作,并制定了较为明确的路线图。大部分欧洲国家计划在2020年前后让部分建筑物实现近零能耗。韩国借鉴欧洲的经验,并计划在2025年实现建筑不耗能。美国计划在2030年实现新建建筑的零碳化,2050年实现所有建筑的零碳化。我国也计划在2030年使30%的新建建筑和既有建筑达到近零能耗标准(表5-1-1)。

表5-1-1 主要国家建筑节能计划对比表

国家或地区	时间	定义建筑名称	目标
德国	2020年	被动房	新建建筑达到近零能耗
丹麦	2020年	主动房	居住建筑冷热能耗需求降低至全年20 kWh/m² 以下
英国	2019年	零碳建筑	新建建筑和公共建筑都要达到零碳
美国	2030年	净零能耗建筑	新建建筑达到零碳标准
欧盟	2020年	近零能耗建筑	所有新建建筑都必须达到近零能耗水平
韩国	2025年	零碳住宅	全面实现零能耗建筑目标
中国	2030年	近零能耗建筑	新建和既有建筑中的30%能够实现近零能耗

为了能够稳步推进建筑节能计划,我国于2015年7月正式启动了近零能耗建筑国家标准的编制工作,这一标准以现行的节能设计标准为基础,分别对"超低能耗建筑""近零能耗建筑"和"零能耗建筑"进行详细的阐释,并提出控制指标。标准既借鉴了欧美发达国家的经验,也考虑了我国的建筑特点和社会习惯,探索出一套可以追赶国际水平的自有体系。2021年3月,我国启动了零碳建筑国家标准的编制工作,用以引导建筑行业的"碳达峰、碳中和"之路。

根据中国建筑节能协会发布的《中国建筑能耗研究报告2020》显示,2018年全国建筑全过程能耗总量为21.47亿tce(tce指ton of standard coal equivalent,即1 t标准煤当量),占全国能源消费总量比重为 46.5%。其中建材生产阶段能耗 11 亿 tce,占全国能源消费总量的比重为 46.8%;建筑施工阶段能耗 0.47 亿 tce,占全国能源消费总量的比重为 2.2%;建筑运行阶段能耗 101 亿 tce,占全国能源消费总量的比重为 21.7%。以上数据说明建筑能耗在整个能源问题中占有突出的地位,也表明了建筑能耗的比重与国家工业化、国民生活水平之间的关系。在"双碳"政策提升为国家战略的背景下,建筑节能工作将受到越来越多的关注。

5.1.2 研究对象

建筑节能问题涉及众多的技术领域,包括方案设计和技术设计的建筑学问题、空调系统和照明技术的工程问题乃至施工、物业管理的节能措施和意识,其中主要涵盖以下领域。

(1)节能建筑设计和应用

必须提倡建筑师的节能意识,发挥节能建筑设计在建筑节能工作中的基础性和决定性作用,由于建筑节能概念不足的方案设计会对以后实施建筑节能带来不必要的投资浪费问题,因此应运用节能建筑设计原理并重视法则的应用。

(2)新能源新技术的开发

太阳能建筑的推广应用将可以有效地节约常规能源并且无污染,热舒适条件好,是在建筑节能研究中值得推动的工作;同时夏季致凉的通风新技术和地热技术的推广和应用将可能节约空调耗能并改善城市环境。

(3)建筑围护结构改善

建筑围护结构是能耗的主要途径,必须严格遵守国家的相关法规,控制围护结构的热工指标,提高窗的气密性,并积极推广应用新型建筑材料,以达到轻质、保温、隔热、低价的目标。

(4)注重设备节能问题

在建筑总能耗中,空调和照明设备的能量消耗占 68%~80%,提高设备运行节能措施对建筑节能贡献巨大,必须解决设备效益、系统节能控制、使用操作节能等问题,这方面的工作将需要空调电气等工程师的参与。

(5)物业管理和使用操作节能

建筑节能概念将渗透到各行各业,其中物业管理方面的节能措施主要适用于集中管理的商业办公等公共建筑之中,利用可控仪器和设备对建筑室内的热舒适条件进行有效控制,余热合理利用,能源消耗的正确调节将可以起有效的节能作用。同时必须强化使用者的节能意识,正确有效地实施节能措施。

(6)节能标准的建设

我国采暖区域已有较齐全的建筑节能标准和法规。随着气候条件的恶化和人民生活水平提高,非采暖区(夏热冬冷地区)的建筑节能问题已引起广泛重视,必须通过制定相应节能法规来控制和指导建筑节能工作。

建筑节能研究范围广泛,是一项具高科技、前景广阔的综合性研究课题,其中建筑师将承担重要的角色,建筑节能应由建筑师来领导和参与。

5.2 《绿色住区标准》

"绿色生态住宅"只是狭隘地指"绿色+住宅"?或雨水的收集、简单的太阳能利用?到底什么才能算得上严格意义上的"绿色生态住宅"呢?本书以中国工程建设标准化协会发布的《绿色住区标准》(T/CECS 377—2018,T/CREA 001—2018)为例,结合城区尺度和建筑尺度,对相关概念、原则和实施策略进行分析和讲解。

5.2.1 基本原则

为推进绿色住区的建设,推动人居环境向高质量建设和绿色发展转变,促进经济、社会和环境的可持续发展,我国制定了适用于城镇新建住区建设和既有住区更新的《绿色住区标准》(以下简称《绿标》)。绿色住区应遵循可持续发展原则和提高质量效益的建设要求,通过场地与生态质量、能源与资源质量、城市区域质量、绿色出行质量、宜居规划质量、建筑可持续质量和管理与生活质量的要求,全面提升住区人居环境品质,引导生产和生活方式的转型升级。绿色住区的策划定位、规划设计、生产施工以及运维管理等阶段除应符合本标准的规定以外,还应符合国家现行有关标准的规定。

《绿标》对绿色生态住宅小区做了以下总体性、原则性的要求。

(1)绿色住区建设应坚持可持续发展原则,并应结合所在地的气候、资源环境、社会经济和历史文化等条件因地制宜地进行规划建设。

(2)绿色住区建设应坚持生态优先的原则,加强生态保护与建设,促进自然环境与人文环境和谐共融。

(3)绿色住区建设应强调能源节约,合理高效利用各类资源。

(4)绿色住区建设应符合城市宜居环境提升的要求,并应完善城镇公共服务配套和居住生活设施。

(5)绿色住区建设应遵循绿色出行原则,并应实施通用设计。

(6)绿色住区建设应提倡城市街区模式,并应采取功能混合、社会多元、集约开发和紧凑布局的规划策略。

(7)绿色住区建设应遵循提高建筑寿命的设计建造理念,保证建筑全寿命期的可更新性和长久品质要求,并应加强绿色建材的推广应用。

(8)绿色住区建设应推进智慧住区建设,全面提高住区管理和服务水平,并应倡导绿色生活方式。

(9)绿色住区建设应在规划方案阶段进行综合策划与绿色技术应用研究,编制建筑、生态和能源等专项规划,并应在技术经济可行性和可实施性基础上合理确定建设目标和实施方案。

5.2.2　实施细则

5.2.2.1　场地与生态质量

绿色住区选址应选在城市基础设施较完善的区域,综合利用现有城市配套设施,在城镇新建地区应同步建设配套公共服务设施。绿色住区建设应采取保护生态与生物多样性的措施。住区开发应遵从城市规划确定的设施布局、道路系统和开发强度,并应高效利用土地、紧凑开发。具体细则如下。

（1）场地选择

① 绿色住区选址应落实生态环境保护要求,并与地域景观相适应;应与原有自然环境及人文环境相适应;应与城市交通和临近相关设施相适应。

② 绿色住区选址应满足无污染、无灾害的要求,并应避开洪泛区、塌陷区、地震断裂带、易于滑坡的山体等地质灾害易发区,以及易发生城市次生灾害的区域;应远离空气、噪声、电磁辐射、震动和有害化学品等污染。

③ 绿色住区选址应避开污染地块,确实无法避开的,应制定治理措施并进行修复或风险管控,经检测验收并在环保主管部门备案后方可开发建设。

（2）生态与生物多样性

① 绿色住区场地宜结合原有水体和湿地等自然环境,在其湿地、河岸、水体等区域采取保护或恢复生态的措施。

② 绿色住区建设应保护场地内原有植被树木和地形地貌。

③ 山地住区建设应降低对整体生态环境的不良影响,宜采取恢复地形或栽种植物等方式。

④ 绿色住区建设用地应构建与自然生物间的联系,并应改善或再造生物栖息地。

（3）低影响开发

① 场地开发应做好建设场地的环境保护,减少建设活动对土地和环境的破坏。

② 场地开发应满足环境容量的要求,确保环境资源的合理分配与使用。

③ 场地开发应采取措施防止因雨水、洪水和地表径流冲刷或风化引起水土流失,表层堆土应采取储存及再利用措施。

④ 住区更新宜采取可持续更新建设方式,尊重原有场地特色的基础上提升环境品质,应保护城市肌理和历史文化街区与历史建筑,鼓励对既有建筑进行改造与再利用。

5.2.2.2　能源与资源质量

绿色住区建筑节能设计应根据项目所在地气候条件,优先采用被动节能设计技术,优化整合不同技术体系,合理利用不同能源类型,以达到最大限度降低一次性能源消耗的目的。绿色住区内新建建筑及改扩建建筑的节能设计目标应符合或优于国家与当地居住建筑与公共建筑节能设计标准。绿色住区宜在规划阶段同时制定能源规划,应统筹利用各种能源,并应提升可再生能源利用比例。同时制定水资源规划,应合理利用各种水资源。绿色住区建设应优先选用当地建设材料、再利用材料和可循环使用的材料,减少建筑垃圾。具体细则如下。

(1) 能源节约与环境保护

① 绿色住区能源选择应结合项目所在地的能源结构、能源价格与能源政策,应根据住区用能情况,通过经济技术比较来确定。住区用能应实现分类分项计量,并应设置能源监控平台。能源规划应与住区规划和建筑空间布局相协调。能源系统宜选用基于清洁能源和可再生能源的微网系统。

② 绿色住区应将可再生能源纳入工程建设和住区能源规划中,住区项目内可再生能源供应量占该项目一次能源消耗的比例 Rp 应大于或等于 5%。

③ 建筑与围护结构节能设计应采用计算机模拟手段进行建筑优化设计,综合考虑场地自然条件、建筑体形、朝向、楼距及窗墙比等因素对建筑能耗的影响;热工性能指标应达到或优于国家现行相关建筑节能设计标准。

④ 供暖、通风与空调系统的能耗标准应符合或优于现行国家标准。

⑤ 绿色住区的暖通空调及消防系统应减少使用氢氯氟烃(HCFC)类产品,并宜采用低碳高效的建筑设备系统。

(2) 水资源利用

① 绿色住区规划应综合利用各种水资源,最大限度地提高用水效率,减少市政给排水系统的负担。

② 绿色住区建设应符合中水和雨水回收再利用的规定。

③ 绿色住区污水处理设施不应对住区环境产生影响,其化粪池位置应远离建筑出入口、步行道和休憩绿地等区域。

④ 绿色住区建设应制定专项研究和技术方案,采取有效措施防止对蓄水层或地下水造成污染,并应防止有害化学品和重金属对地下水源的污染。

⑤ 建筑应使用较高用水效率等级的卫生器具。

(3) 材料及循环利用

① 绿色住区建筑材料选用应因地制宜,优先选用当地的建筑材料。

② 绿色住区建设应优先选用可再生利用材料和可循环使用的材料。

③ 绿色住区基础设施的可再生材料利用中,人行道、车行道、路基、地面铺装、路牙和排水沟果等处的应不少于材料总量的 5%,建筑承重结构、围护结构(含门窗幕墙)、装修材料优先选用再利用材料和可循环使用的材料。

④ 绿色住区施工应减少建筑垃圾数量,提倡采用装配式施工,运输过程中应进行无泄漏包装,并应做好标识,应进行无害化处理,并应统筹安排建筑垃圾的回收措施。

⑤ 绿色住区应制定生活垃圾资源化利用规划,并应遵循减量化、资源化、无害化的原

则实施生活垃圾分类。

⑥ 绿色住区建设应符合既有建筑更新和再利用的原则,应延长建筑使用寿命、节约资源、保护环境。

5.2.2.3　城市区域质量

绿色住区建设应立足于城市协同发展,全面提高城市宜居建设水平,并应结合城市区域人居环境治理推动其环境质量提升。绿色住区建设应与周围环境相协调,并应注重城市开放空间的建设和利用;应注重地域文化,与城市整体空间肌理和城市风貌等相协调,并应加强历史文化传承和既有建筑的更新利用;应注重整体城市设计意象和群体空间形象,规划布局和建筑设计应与周围形成的街区空间相协调。具体细则如下。

(1) 城市街区

① 绿色住区建设应优化城市功能空间布局、提高城市空间活力,城市中心地区的住区宜采用城市街区模式。

② 城市街区模式的绿色住区建设宜采用功能混合的规划设计,并应满足居住者对居住、环境和配套设施等各方面的要求。

③ 城市街区规划应提供就业机会和多样化的产业发展空间。

(2) 周边设施

① 绿色住区应临近商业、文体、卫生等设施及公园绿地,并应满足综合性与生活便利性要求。

② 绿色住区应具备小学生步行上学的安全保障措施,步行上学不宜穿越城市主干路。

③ 绿色住区与小学校的步行距离不宜大于 500 m。

④ 绿色住区与幼儿、青少年、老年人服务设施及社区公园的步行距离不宜大于 300 m。

(3) 社区与邻里

① 社区与邻里设置应利于城市管理和活力营造。

② 社区与邻里应利于环境提升,营造不同层次的室外空间环境。

5.2.2.4　绿色出行质量

绿色住区交通应符合绿色出行和公交优先的要求,做到出行便利、安全以及生活方便,并应符合下列规定:应与城市区域的慢行网络衔接,减少对机动车的依赖;应以便捷的慢行道路为主,提升慢行空间的安全舒适度;应注重慢行系统、绿道与公共服务设施的联通,提高其步行可达性。绿色住区交通应符合城市无障碍建设的要求,同时交通组织应做到步行优先,宜采用人车分行方式,并应限制车速。具体细则如下。

(1) 无障碍通行

① 步行系统应满足无障碍设计要求,并应与公共交通站点便捷衔接。

② 绿色住区与城市道路、公园绿地、公共设施等之间应设置连贯的无障碍通行路线。

③ 绿色住区应构建室外无障碍通行系统,其坡道的坡度及水平长度等应符合现行国家标准《无障碍设计规范》(GB 50763)的有关规定。

④ 无障碍通道应选择防滑、平整的路面材料。

⑤ 无障碍标识应与住区内部标识形成完整系统。

(2) 步行与自行车

① 绿色住区步行道应尺度适宜,间距不应大于 200 m。

② 步行主路宽度不宜小于 3 m,步行次路宽度不应小于 1.5 m,步行道和车行道间宜有绿化分隔。

③ 绿色住区商业步行街应与住区慢行系统相连接。

④ 绿色住区步行街道应提高外部空间及设施的设计品质,创造美观宜人的街道景观。

⑤ 绿色住区应提倡共享自行车与共享机动车的使用,出入口处应设置共享自行车和共享机动车的停车场地,并应配置充电桩等装置。

⑥ 绿色住区商业或公共建筑主入口处应设置适宜的自行车停车场地。

(3) 公交出行

① 绿色住区主要步行出入口与已有或规划的轻轨、地铁站的步行距离不宜大于800 m。

② 绿色住区主要步行出入口距公交站点的步行距离不应大于 300 m。

③ 绿色住区公交站点应设置遮阳避雨的棚盖,并应为残障者、老年人提供坐凳和无障碍设施。

5.2.2.5 宜居规划质量

绿色住区规划与空间布局应做到结构明确、空间层次与序列清晰。绿色住区院落空间应具有归属感和领域感,并应有利于邻里交往。绿色住区道路交通规划应符合下列规定:出入口应设置合理;道路系统应构架清晰、组织顺畅;应满足消防、救护和防灾、减灾、避灾等安全要求;机动车、自行车和残疾人车位布置应方便合理与数量充足。绿色住区规划应适应智慧住区发展要求,提高生活服务水平,并配置信息网络、安全防范与设备管理等智能化系统。绿色住区的市政公用设施应配套齐全。绿色住区室外环境质量应满足安全性、宜居性、便利性和健康性等要求。群体建筑形象应与城市天际线相协调,建筑造型应美观。具体细则如下。

(1) 绿地与环境

① 绿地配置均好、位置适当,集中绿地宜相互连接形成生态廊道,并应与分散绿地相结合。

② 景观绿化应选择适宜当地生长的无害化树种,合理搭配乔、灌、草及花卉,做到植

物种类丰富。

③ 绿地或室外活动场地应设置照明设施。

④ 绿地应符合海绵城市技术要求,其活动场地应采取渗透措施,并应铺砌 15%～25% 的硬质透水砖。

⑤ 绿色住区环境质量中室外噪声控制应符合现行国家标准《声环境质量标准》(GB 3096)的有关规定,室外场地应满足日照与遮阳要求,降低热岛效应,并应优化室外风环境。

(2) 生活设施配套

① 社区与邻里应布置不同层级的服务设施。社区生活服务设施应充分利用周边设施,并应为发展留有余地。

② 绿色住区应配置老年人和儿童活动场地与设施。

③ 绿色住区应加强公共厕所等设施建设,公共厕所的设置宜结合社区服务设施和商业公建统筹安排。

(3) 通用设计

① 绿色住区内各级道路应满足无障碍要求,并应保证通行的连续性。

② 公共绿地的出入口、道路及园林设施的地面有高差时,应设轮椅坡道和扶手。

③ 住栋单元和公共服务设施出入口有高差时,应满足无障碍设计要求,取消高差或台阶,也可设轮椅坡道和扶手。

④ 公共厕所应至少设一套满足无障碍要求的厕位。

5.2.2.6　建筑可持续质量

住宅建筑设计应符合居住的可持续性设计原则,应以适应性设计方法实现空间的可变性。住宅单元平面应布局合理、交通枢纽紧凑,并应符合模数协调原则。住宅应全装修交付,公共部位的装修应达到品质良好,宜采用装配式内装施工方式。住宅建筑的经济性能、安全性能、耐久性能均应符合现行国家标准《住宅性能评定技术标准》(GB/T 50362)的相关规定。整个过程强调全寿命期设计建造、室内舒适健康环境、保持长期优良性能的要求。

5.2.2.7　管理与生活质量

绿色住区管理应引导居民的绿色生活方式,并应保证住区设施能够得到维护。住区及建筑在设计建造阶段应统筹建筑全寿命期的成本,应建立设计建造与后期管理制度。过程应该符合现行国家标准《建筑工程绿色施工评价标准》(GB/T 50640)的有关规定。运营管理宜实现智慧化与智能化管理、同步建设智能基础设施,并应建立住区智能安防体系及运维管理体制。此外,还要做好宣传与推广工作,倡导绿色生活方式。

21 世纪是人类从传统工业社会向高新技术为主的新经济社会迈进的时代,是从资源推动型增长向可持续发展转化的时代。合理利用资源、重视环境保护、发展绿色产品是这一时代的主流。"绿色生态住宅小区"概念的明确，可规范市场，以正视听，对我国绿色生态小区的建设具有重要的指导意义。

发达国家在建筑可持续性发展的研究领域，做了大量的工作，并采取了一系列科学、有效的方法，其具体内容见表5-2-1。

表 5-2-1　发达国家在可持续社区方面的评价原则及具体内容

项目	具体内容
场地布置	(1) 通过平面布局获得较好的自然通风、天然采光与景观效果 (2) 通过调整建筑物的位置与朝向，使建筑物在冬天能得到较多的热量，而在夏天能减少日晒 (3) 使建筑物的外形利于收集太阳能
景观设计	(1) 通过景观设计达到遮阴的效果 (2) 通过景观设计改善气流，组织自然通风 (3) 贯彻生态园林的原则 (4) 运用都市农业、屋顶绿化、阳台绿化和垂直绿化的概念 (5) 考虑都市野生动物的生活及迁移要求 (6) 充分考虑循环使用的原则
交通处理	(1) 注意各种道路及铺地的处理 (2) 为行人创造一个安全舒适的环境 (3) 为私家车提供全部或部分地下停车库 (4) 为自行车提供停车场所 (5) 在可能情况下，考虑与公共建筑共用停车场 (6) 为电动汽车提供方便的停车场地与充电设施
建筑围护处理	(1) 充分考虑遮阳设施 (2) 考虑屋顶隔热 (3) 使窗户能最大限度地获得天然采光、自然通风与景观 (4) 通过平面组织使建筑物获得更多的天然采光与自然通风 (5) 在设计中充分考虑建筑热工处理 (6) 建筑外饰采用浅色处理
材料使用	(1) 选择使用耐用的建筑材料与装饰材料 (2) 选择建筑材料和装饰材料时，充分考虑再使用与循环使用的可能性 (3) 尽量节约使用木材 (4) 采用绿色建筑材料与装饰材料，减少室内空气污染
水系统	(1) 尽量采用节水与节能设备 (2) 通过组织灰水与屋顶雨水的利用，减少水的消耗量 (3) 采用高效率的热水设备 (4) 设法回收废弃热水中的热量 (5) 利用太阳能加热日常用水
电气系统	(1) 采用节能性照明设备与电气设备 (2) 充分运用天然采光，使天然采光与人工照明完美地结合起来 (3) 尽量在建筑中采用光电系统 (4) 尽量为今后电动汽车的充电提供方便
HVAC 系统	(1) 减少因机械系统而造成的室内空气污染 (2) 对可能造成室内空气污染的污染源进行特别处理 (3) 尽量保证进入 HVAC 系统的室外空气不受污染 (4) 尽量使室外空气有效地均匀分布 (5) 减少在制冷设备中使用 CFC 或 HCFC (6) 选用高效率的制冷与制热机械，以达到减少能耗的目的

(续表)

项目	具体内容
控制系统	(1) 通过对照明和空调系统的控制而降低能耗 (2) 空调分区控制,以节约能源 (3) 使用变速风扇和水泵 (4) 在夜间给建筑物制冷,以节约电能
施工管理	(1) 注意材料的节约使用,注意材料的再利用与循环使用 (2) 在工地上使用安全材料 (3) 在工地上提高照明效率,减少各种可能产生的污染及对工人的伤害 (4) 在已使用的建筑物内施工时,注意保护正在使用该建筑的使用者的安全与健康 (5) 在正式使用前,应让建筑物通风一周以上,并把内部打扫干净
验收计划	(1) 制定正式的验收计划 (2) 所有的设备均需经过验收,一旦发现问题,立即进行维修 (3) 对大楼管理员进行操作与维修方面的培训 (4) 向业主和物业公司提供最终的验收报告

5.3　生态观与节能建筑

生态设计已成为现代建筑发展的必然趋势,世界建筑界均在探索各自的生态建筑的技术路线。对一些先进的生态和节能思想的了解,可以使我们更全面地理解建筑学的发展现状及其我们目前需要开展的工作。

5.3.1　生态观

5.3.1.1　西姆·范·德·莱恩的生态设计研究所与《生态设计》

西姆·范·德·莱恩(Sim Van der Ryn)在 1961—1994 年间任职加州大学伯克利分校建筑系教授。从 20 世纪 60 年代起,西姆以生态系统的动态理论为依据,开始尝试进行建筑与场所的相关实践和教育活动,是最早从事生态建筑与建筑可持续发展研究的学者之一。

1968 年,西姆联合建筑行业的专家学者以及从业人员与生物学家一起创办了法拉隆斯研究所(Farallones Institute),1995 年,更名为生态设计研究所(Ecological Design Collaborative,EDC)。

1974 年,西姆在美国主持设计并建造了第一栋能够完全自给的节能及气候回应的现代城市住宅建筑,进行了太阳能采集利用、都市粮食种植、回收利用人与住宅产生的废弃物等相关的技术实验,其方法与思想为现代城市生态住宅的设计建造提供了最早的成功样板。

1975 年,西姆与法拉隆斯研究所创办了以教授生态设计及相关的应用技术为目的的科研教育基地鲁那尔中心。该中心开设了大量的太阳能设计及有机农场、水资源与废弃物再利用、土地管理等教学研究课程,更加注重可持续发展的设计方法以及设计与生态相结合的理念。

1978年,西姆与建筑师彼得·卡尔索普(Peter Calthorpe)合作开展了致力于解决社会与环境问题的生态设计,专注于推进新型社区的开发和建设。此后,他们更注重美学、生态、技术三者融合的可持续社区的设计实践。

EDC汇集了工程师、建筑师、艺术家、专业设计师及手工艺者等多学科人才,致力于利用最新的技术方式将设计与生态相结合,以求减少废弃物和污染,改善现行的破坏性的建设方式,探索可持续发展的道路。1994年,EDC在加利福尼亚的著名教育中心伊莎莱研究所召开了包括全美国生态设计界领袖在内参加的会议,并于1994年10月19日汇总提出了"国际生态协会议案"。这是一个旨在促进教育机构、生态设计组织、实业界、政府机构与设计者密切合作的跨学科组织,鼓励各学科将各自不同的研究成果整合起来引领下一代生态设计者的工作。议案宣言内容如下。

(1)生态设计重新思考了人类社会的需求与自然界动态平衡的关系,就像工业革命一样,它号召一场新的革命——生态革命。

(2)传统的建筑、农业、工程技术形式无法使得人类健康与生态系统保持统一。

(3)国际生态设计协会鼓励发展与生态设计相关的科学技术及制作工艺,以响应以下原则。

① 全方位建立生态收支(ecological accounting)的概念,以住宅全寿命周期对环境产生的影响作为设计评价依据。

② 充分利用太阳能。尽可能利用可再生能源并提高能源利用效率,最终达到太阳能完全满足能源需求的目的。

③ 维护生物多样性,并保护能够适应当地独特地域特点的文化及经济。认为维持生态自然景观、保护生态系统具有重要意义,达到这一目的的前提是维持具有地方适应性的文化及经济多样性。

④ 废弃物等同于资源。设计创建废弃物循环利用机制,前一过程产生的废弃物成为下一过程的原料。

⑤ 与生态系统协同工作。设计应与生态系统保持最大程度的内在一致性。

⑥ 设计追随自然。在生态系统自我恢复能力之内,材料与能源的更换应充分展示生态系统的创造力。

西姆与斯图亚特·考沃(Stuart Cowan)于1996年合作编写了《生态设计》(*Ecological Design*)一书,提出以人类与生物界的共同需求作为设计的基础,运用生态学原理探讨生态与人类相结合的方法和途径。《生态设计》一书的出版被誉为建筑学、景观学、城市学、技术方面的一次颠覆性的尝试,书中提出了五点生态设计的原则。

原则一:设计结果来源于场地环境。设计应当从了解场地的周边环境开始。作者提出了为场地环境设计的理念。

原则二:评价设计的标准——生态收支。必须对设计进行评估,来确定其对环境的影响,以此来确定生态设计的可行性,运用各学科的知识,对其进行量化分析,以确定其是否有助于生态的良性循环。

原则三:设计结合自然。设计不应仅满足人类的需求,还应考虑其他物种及其栖居环境的需求,以维持地球生态系统的良性循环。

原则四:大众参与生态设计过程。公众积极参与生态设计体现了生态设计的开放性。

原则五:为自然添彩。"每个人都是设计师",作者在此重点强调了生态设计的又一作用,即通过提供具体的方式路径来唤醒人们保护生态环境的意识,促进人类关爱自己生存的生态环境。

5.3.1.2　托德与《从生态城市到活的机器:生态设计原则》

1969 年起,作家、环境学家南希·J. 托德(Nancy Jack Todd)和生物学家约翰·托德(John Todd)就被认为是城市设计、节约水资源和运用生物技术净化自然水生环境方面的专家,他们提出的原则与技术被多个项目采用。他们合作编写的《从生态城市到活的机器:生态设计原则》(*From Eco-Cities to Living Machines: Principles of Ecological Design*)一书中阐述了生态设计及维持生物多样性的原则。

(1) 生态系统是一切设计的源头(Matrix)。

(2) 设计不应违背生物生长的客观规律。

(3) 设计务必体现生物的地域特性。

(4) 新的建设活动必须基于可再生的能源与资源。

(5) 设计应有助于整个生物系统,体现可持续性。

(6) 设计应同场地周边的自然环境相互协调。

(7) 设计建造活动应帮助地球恢复现存的破坏。

(8) 设计应当追随我们的生态系统。

5.3.1.3　盖亚运动与"盖亚住区宪章"

詹姆斯·拉夫洛克(James Lovelock)于 20 世纪 80 年代,编写了代表作《盖亚:地球生命的新视角》(*Gaia: A New Look at Life on Earth*),该书展示了海洋、大气、气候、肥沃土壤与独立生物之间存在的紧密关系。拉夫洛克将我们的星球及其生态系统比作为古希腊神话中的大地女神——盖亚,她一直在努力维持并创造生命。该书的出版引发了盖亚运动,其主要观点是要把地球和一切生命系统视为一个完整的具备生命特征的有机实体,而我们只是其中的一个组成部分。拉夫洛克的思想深刻地影响了一大批欧洲学者,以伊莎贝尔·斯滕格斯(Isabelle Stengers)为代表的研究者对盖亚这一概念进行了更为深入的研究,并在世界各地的讲学中进一步推广了这一学说。

盖亚运动建筑师、英国作家戴维·皮尔森(David Pearson)于 1989 年完成了《自然住宅手册》(*The Nature House Book*)一书,并在其中阐明了"盖亚住区宪章"的三个设计原则。

原则一:为地球的整体和谐设计。

新的建设过程应充分考虑利用可再生能源。尽可能利用风能、太阳能、地热能和水能满足大部分能源需求,同时削减煤炭、石油等不可再生能源的利用。

尽可能利用无污染、可再生的绿色材料——能够循环使用并对社会和环境的消耗较少,或具有较低的能量。利用控制系统调节并控制供暖、制冷、能源、自然通风、采光和供水,提高资源利用的效率。

尽可能种植当地的植物品种,把建筑设计成当地生态系统的肥料,利用生态系统的自身能力控制病虫灾害,而不使用化学药剂;收集、贮存和利用雨水;设计中水循环型厕所。设计相应的防止污染空气、水和土壤的系统。

原则二:为精神世界的平和而设计。

住宅的设计建造应与周边环境相互协调——建筑装饰、肌理应与周边环境保持一致。公众应参与设计建造的全过程,力求产出比例和形式协调的设计方案。

利用天然的油漆、染色剂以及建材天然的颜色和纹理,以创造一种有利于人身心健康的建筑色彩环境;将建筑与自然的客观规律(季节、气候等)充分联系起来。

原则三:为身体健康而设计。

以被动式设计营造出健康舒适的室内微环境,促进建筑"呼吸"。例如,建设场地应与有害的电磁场、辐射源保持安全距离,并尽量降低线路及电器产生的有害电磁场和静电;选用合适的材料以及气候适应性设计来调节室内微气候,以维持舒适的温湿度、风速。提供洁净的水和新鲜空气,隔绝包括气体氡在内的空气污染;隔绝室内外噪声,营造健康宜人的室内声环境;使足够的自然光线进入室内,减少人工照明,创造健康的光环境。

5.3.1.4 阿瓦尼原则

"阿瓦尼原则"(The Ahwahnee Principles)指 1991 年秋天在美国加利福尼亚州的地方自治会议形成的共识,该原则主要由 6 名建筑师主导完成,他们是莫尔(Elizabeth Moule)、科伯特(Michael Corbett)、普雷特-兹伯格(Elizabeth Plater-Zyberk)、波利佐伊迪斯(Stefanos Polyzoides)、卡尔索普(Peter Calthorpe)和杜安尼(Andrés Duany)。他们对"二战"后美国城市建设的一些特定做法表示强烈的怀疑。从 1980 年开始,他们根据自己的思想对一些新城镇的规划建设进行指导。这些实践引起了各界广泛关注,获得了高度评价。此后,在美国的其他地方新建的城镇开始模仿这些优秀的案例,然而模仿却只停留在表面,与建筑师们的初衷大相径庭。面对这样的情况,他们认为有必要公开阐述自己的设计意图,让后来者更好地理解。因此,6 位建筑师共同总结了城镇建设所应当遵守的基本原则,并贯彻到之后的城市建设实践中,这就是"阿瓦尼原则"。

"阿瓦尼原则"的核心内容主要包括三个方面:社区的设计原则、超越社区尺度的设计原则和为实现这些原则应当采取的策略。这些原则其中包括如下。

(1) 所有的社区都应当进行总体考虑,将居住区、工作场所、学校、商店等生活中必要的设施和活动场所进行有机整合。

(2) 步行可抵达的范围内应包含尽可能多的设施。

(3) 公共交通的车站、停车场附近应布置尽可能多的设施与活动场所,方便人们步行到达。

(4) 场地上原有的植被、地形、排水等应尽可能保持原有的形态,优先作为社区的公园或绿地。

(5) 利用自然排水和硬质地面的特征,所有的社区均应当追求水资源的高效利用。

(6) 应将公共空间设计成无论白天夜晚都可以被居民高效使用的场所。

(7) 单个社区或多个社区的集合体,应保有野生生物和绿色农业的明确生态范围,并确保此区域不被开发和利用。

(8) 为了营造能源节约型的社区,应在街道的朝向、房屋的配置、绿荫的利用等方面进行重点设计。

(9) 在社区内混合各种类型的住宅,让不同经济水平和年龄的人群可以居住在一起。

(10) 在社区内提供社区居民可愉快从事劳动的工作空间。

(11) 新建社区的位置和特征必须与社区外更大范围的交通网络相适应和协调。

(12) 社区内的各种道路,应整合成网络,且必须形成具有趣味性的道路体系。道路周围的房屋、路灯、栅栏等设计应精心设计;通过细微处的设计减少汽车对于道路的使用,同时促进步行或自行车的使用。

(13) 社区必须具有文化活动、市民服务、商业活动、旅游活动可集中开展的场地。

(14) 社区必须有相当的面积用以布置绿化、公园、广场等所有居民都可以使用的开放空间,并进行精心设计。

5.3.1.5 威廉·麦克唐纳与"汉诺威原则"

威廉·麦克唐纳(William McDonough)是一位哲学家、改革家、建筑师,他对于美国早期的生态建筑设计和理论具有直接的影响。他的建筑设计不仅体现了一位建筑师应有的社会责任和环境意识,而且促使众多的业主、同行、学生及政府工作人员反思他们对待环境所持有的态度。通过"汉诺威原则"(Hannover Principles),麦克唐纳把"可持续发展"的概念推到了建筑界的前沿。

1992 年,受德国政府委托,麦克唐纳为将于 2000 年举办的汉诺威世博会拟定设计原则,最终确定的主题是"人、自然、技术"。他首先反思的是举办类似的博览会是否还有必要,以及我们为此是否浪费了太多的人力、物力等问题。最终,这次博览会被定性为具有建设性目的、把环境问题置于优先考虑位置的博览会。同样是 1992 年,麦克唐纳作为美国建筑师协会的代表,在里约举办的世界环境发展大会上,与汉诺威市环境委员会主任汉斯·霍夫(Hans Monninghoff)一起,正式发布了"汉诺威原则"。这些原则包括如下。

(1) 主张人类与自然共生,这种共生是建立在多样、互助、健康、可持续发展的条件下。

(2) 尊重精神和物质间的联系。应从精神与物质间的联系进行全面的考虑,包括居住、社区、商业及工业。

(3) 建立相互依赖性的认识。人类设计的元素来源于自然并影响自然,设计时必须进行认真考量。

(4) 摒除废弃物的理念。

(5) 制定有长期价值的安全目标。

(6) 依靠和借用大自然的力量。

(7) 对设计的结果负责。

(8) 对设计具有的局限性保持清醒的认识。

(9) 通过知识的共享寻求进一步的提升。

5.3.1.6 《可持续设计指导原则》

于1993年出版的《可持续设计指导原则》(*Guiding Principles of Sustainable Design*),建立在许多机构的工作基础之上,其中包括了美国建筑师协会、美国景观建筑师协会、国家公园与保护协会、国家海洋与大气管理局、生态旅游协会以及一些绿色和平组织。

《可持续设计指导原则》对基地设计、建筑设计、能源利用、自然资源、文化资源、供水及废物处理方面可持续的含义给出了界定。书中将可持续设计定义为一种哲学观念,即人类发展应当体现出节约的原则,并在日常生活中加以鼓励和应用。

《可持续设计指导原则》包含的设计目标主要有如下几点。

(1) 将建筑物(或非建筑)作为展示环境对于维持人类生存的重要性的教育媒介。

(2) 促进人类新的生活方式与价值观的形成,以实现和自然环境保持更加和谐的关系。

(3) 将环境与人类进行再连接,因为自然对于人类情感、精神及疾病治疗方面具有诸多价值。

(4) 保留文化的在地性。

(5) 宣传对于场地所在地、地区及全球关系的文化及历史知识。

(6) 增强公众对于适用技术以及不同建筑及材料的认知。

该书同时提出了关于可持续建筑设计的诸多原则。

(1) 尊重场地的生态环境与文化传承。

(2) 尽可能使用当地的建筑材料。

（3）结合功能需要，采用相对应的技术，针对当地的气候特征采用被动式的节能策略。

（4）坚持正确的环境保护意识。

（5）提高建筑空间利用的灵活性，以减小体量，将建设与运行的能源需求降到最低。

（6）避免使用高耗能、破坏环境、产生大量废弃物及有放射性的建筑材料。

（7）减少建造过程对于环境的影响，利用新型建筑材料与构配件。

（8）提高对自然环境的理解，制定相应的行为准则。

（9）考虑无障碍设计。

5.3.1.7　《环境资源导引》

"ERG 计划"是 1990 年由美国建筑师协会（AIA）以及美国环保署于 1990 年开展的一项专项研究计划，这项计划是基于在众多建筑界人士和组织所研究的大量有关环保工作。由美国建筑师协会根据"ERG 计划"编写的《环境资源导引》（*Environmental Resource Guide*），于 1992 年首次出版。

（1）《环境资源导引》的目的和范围

"ERG 计划"自伊始就有两个目的，一是研究、利用环境资源，二是传播这些经验和成果。因此，该书的首要目的就是要使专业设计人士在选择和确定建筑材料时有环境方面的相关资讯和一个工具，让设计者面对复杂棘手的环境问题能做出相对正确的选择。《环境资源导引》意在助力建筑师能够更明智地去选择对环境有利的材料与方案，并非强迫建筑师去选定某种材料。

《环境资源导引》还列举了一些案例，这些案例都是在环境保护的观念和原则指导下所进行的相关实践。通过这些案例可以看到环境保护观念在设计中应发挥的作用，以及最终呈现的结果，并且让人们更全面地理解环境对建筑设计所起到的至关重要的作用，以及建筑与环境相关联的方方面面，如阳光、水、室内空气质量等。

（2）《环境资源导引》的核心概念

《环境资源导引》的核心概念就是生命周期分析。即常说的"从出生到老死"或"从出生到再生"。这个概念是考察建筑产品在它们用于建筑之前和之后对于所处环境的影响，它涉及从材料的制造、安装、使用、管理、到它们在建筑被废弃或者更新后的再利用这一全过程的评价。

这里，《环境资源导引》中采用的生命周期分析法与传统的生命周期分析法相比有所改进。它更为简捷有效，它不仅注重建筑材料数量分析，而且注重其质量分析。同时，当有些问题无法用数量关系表达时，还采用了叙述的方式来指明其造成的相关的影响。

（3）《环境资源导引》的主要内容

该书的主要内容包括了建筑材料分析的过程，并通过"计划篇""应用篇""材料篇"三部分来进行表述。其所采用的分析方法主要包括了以下步骤：

① 详列目录,即找出与材料生命周期所有相关的环境资源的输入输出关系及数量;

② 影响类型分类,将上述内容按对环境的不同影响进行分类;

③ 影响评价,给出影响类型的各种数量值并进行分析;

④ 改良评估,评估改进材料的生命周期指标的可能性。

另外《环境资源导引》也记录了许多实验的数据,为设计者进一步的研究提供信息。

(4)《环境资源导引》的服务对象

《环境资源导引》服务对象有以下几种:

建筑师——可以根据此书获得有关材料与环境的信息;

业主、投资者——可以根据此书来选购、操作与维护绿色设备;

教师和学生——可以获得环境知识进而了解材料在环境中扮演的角色;

建筑施工单位——可以据此来生产绿色建筑产品;

私人社团和公共事业组织——可以以此作为环保的参考文献;

研究者——可以在此基础上,应用这些方法来进行新的研究。

5.3.1.8 布兰达·威尔与罗伯特·威尔的《绿色建筑学:为可持续发展的未来而设计》

布兰达·威尔(Brenda Vale)与罗伯特·威尔(Robert Vale)的《绿色建筑学:为可持续发展的未来而设计》(*Green Architecture: Design for An Sustainable Future*)一书共分为主旨、行动、实践及建议四章。第一章通过对主要构成人类生存的四个要素——空气、水、火(能源)、地球(资源与材料)所存在的问题进行分析,进而指出人类生存过程中所面临的危机,也指出了人类可持续发展的必要性。第二章通过评估西方消费模式,提出了"废料等价于资源"等可替代的消费模式。第三章是作者写作的重点,结合具体的实际工程,提出了绿色建筑六原则。最后一章对绿色城市进行了分析,并提出了自己的建议。

作者认为:"对于建筑本身来说,绿色设计并不是很新的思维途径。从人们认识到南向开窗能够获得舒适的温度的时候它就已经存在。真正让我们感觉到有新意的是在设计中将'绿色方式'作为一个整体进行运用,从而考虑如何来建造一个'可持续发展'建筑。"作者认为绿色特征存在于许多建筑中,但从整体的观念中去把握它,却很少有建筑真正做到。

作者认为绿色建筑所应具有的四项原则,应当作为一个整体在建筑设计中进行考虑。

原则一:节约能源。

有数据统计,世界总耗能的40%左右是建筑耗能,因此在建筑中如何进行节能设计,发展节能节地、有利于生态平衡的新建筑,成为了"绿色建筑"的重要标志之一。

在建筑物从建造到使用的过程中,大致可以分为三个阶段产生耗能,即材料与构配件生产阶段、现场建设阶段以及使用期阶段。其中,建筑节能应抓住的主要一环为使用阶段的耗能,与建筑设计的关系密切,应由建筑设计的措施加以实现。

原则二:设计结合气候。

原则三:循环利用能源材料。

绿色建筑设计原则包括循环利用结构、材料等。作者认为应当考虑建筑设计的过程完成以后,使其成为环境循环系统的一部分,从而有效地促进生态环境系统的循环。不仅新建筑适应于这一原则,同时也有利于对旧有建筑的更新与改造进行指导。作者鼓励在建筑创造中挖掘本土材料与资源。

原则四:尊重用户。

体现使用者的重要性应作为绿色建筑的原则。在日益现代化的今天,使用者这一要素在设计中已经被人们所忽视。作者通过大量的建筑实例告诉设计者,进行建筑设计时应当尽可能考虑使用者参与其中的可能性。

作者在最后指出绿色建筑不仅仅指的是基地内的单体建筑,还包括都市环境的可持续发展模式。城市也远远不仅是建筑物的集合,可以看作相互作用而形成的建成环境,其中包括生活系统、工作系统、休闲系统等等各种系统。

5.3.1.9　杨经文的绿色建筑理论与实践

杨经文(K. Yeang)的生态设计理论通过他的《设计结合自然:建筑设计的生态学基础》(*Design With Climate: Bioclimatic Approach to Architectural Regionalism*)一书为人所熟知。书中通过对规划与设计实践的总结,搭建出了一套生态设计的理论图景,以求反过来指导建筑与规划的设计。书中对于传统建筑理念和生态建筑理念进行了剖析,强调了生态理论更加注重建筑的生命循环特征,能够为建筑学科的发展提供新的思路。书中以建成环境为例,剖析了建筑与外部生态系统的联系,提出建筑内部的生态与外部环境生态是相辅相成的,能量与物质的流动,能够诵讨牛态设计与建筑产生关联,从而减少对环境、能源和资源的严重依赖。

杨经文的实践理念存在一个逐渐转变和深化的过程。最初的实践作品主要通过生物气候学的方法,在建筑空间与造型上寻求与气候的紧密关联,其目的是建造更低能耗的建筑。但随着实践与理论思维的完善,他的作品更加注重生态设计的理念和手法,不再完全强调节能和经济,而是更多考虑建筑与气候、环境的融合与关联。这一转变过程可以从他的代表作中感受到,梅纳拉 UWNO 大厦是他鼎盛时期的作品,大楼的设计方案强调利用自然通风来减少空调能耗,因此对风、太阳辐射与建筑的关系进行了详细论证,并利用空气动力学原理对气流环境和建筑外观进行了美化。而在 10 年后建成的新加坡国立图书馆在设计中进行了全过程的气候与环境综合分析,力求每一个细节都能与自然和外界生态环境充分融合。

杨经文的生态设计之路是将理论与实践不断融合、不断提升与反思的路,以生态设计为核心思想,通过对高舒适度环境空间的塑造为人们带来愉悦的心情。在设计的过程中注重场地的位置、布局和朝向等现状对设计的影响,充分吸纳可以利用的自然资源,通过合理的技术措施将资源条件与场地情况进行完美结合,并将这套完整的思路与建筑功能布局、空间形式有机融合。

5.3.1.10 麦克哈格与《设计结合自然》

麦克哈格(Ian L. McHarg)写作《设计结合自然》(*Design with Nature*)初衷是想"通过对设计结合自然的调查研究,包括自然在人类世界的位置,探索一条观察问题的途径和一种分析方法。"在能源危机和生态运动冲击建筑研究与创作理论的年代,麦克哈格对于生态设计学的发声对这一领域的发展起到了积极的推动作用。

在理论层面,麦克哈格用生态理念对自然、环境和人的关系进行详细的阐述,并对工业文明下违背自然规律强行掠夺自然造成的后果进行了总结,提出我们需要尊敬自然、适应自然,创造与自然相互融合的栖居环境的理念。书中还详细阐述了自然中生态环境演化的过程,以及不同时代背景下人与自然的关系,以求说明人与自然是息息相关的,而非以人为中心的传统理念。此外,麦克哈格还提出了适应性理论,认为人与自然和谐共处的过程是相互适应的结果,"二战"后大规模的城市建设忽略了这一适应过程,未来城市的建设与更新应该更多的考虑如何与自然生态环境相互适应。

麦克哈格还在书中提出了设计结合自然的研究方法。这套系统的研究方法可以针对不同的研究对象,通过自然要素的提取,分析要素的作用和价值,进而进行等级化的分类处理,从而反馈到土地划分与利用上。书中结合大量美国城市规划与建设的实践案例,对这套方法背后的经济社会规律、自然环境要求进行充分的分析和讲解。

《设计结合自然》的出版引起强烈的社会反响,麦克哈格的适应性生态规划理论得到了很多实践层面的推广和理论层面的完善,其中理论层面主要体现在三个方面:人类形态规划、应用生态系统规划和景观生态学。

5.3.1.11 《绿色计划——可持续发展足迹》

在可持续理念不断深化的背景下,欧洲多国开展了"绿色计划"的工作,休伊·D·约翰逊(Huey D. Johnson)出版的《绿色计划——可持续发展足迹》(*Green Plans——Greenprint for Sustainability*)就是在此背景下出版的,以求推广相关计划,并对"绿色计划"活动进行分析和总结。

书中的观点认为,环境问题并非在地性问题,而是具有区域或全球特征的重要议题,单靠区域环境治理很难起到"颠覆性"效果,需要不同的地区和国家联合起来,在区域规划或国家规划层面提出整体性的建议和措施。我们所处的环境里要素很多,但单独的要素并不能反映环境的特质,需要将这些要素整合成一套系统,分析要素在系统内的运行,提出整体性的意见,才能对复杂、多样的环境产生有效的改善作用,这就是绿色计划的本质。因此对于绿色计划的推广应该在大尺度的背景下制定策略,才能将复杂的系统问题合理化。

通过全球范围内的绿色计划推广,书中总结出了五条经验,即:通过多学科并行的形式实现资源管理,将环境与经济学相结合指导具体实施,建立有效的管理机制进行操作和反馈,利用信息和技术手段加强监管和将目标、进度、管理一体化统筹。这项行动计划通过多学科融合和推广,让人们可以从更高的层面上来认识绿色建筑。

5.3.1.12　吉沃尼与《建筑和城市设计中的气候考虑》

1998 年,巴鲁克·吉沃尼(Baruch Givoni)在《建筑和城市设计中的气候考虑》(*Climate Considerations in Building and Urban Design*)中提出了城市气候学理论,并针对不同气候类型的区域提出了相关城市和建筑设计的一些原则、方法和策略。书中分析气候因素对人、建筑和社会的影响,并从城市气候学的视角,提出场地规划和设计的解决思路,有利于解决有关场地选址、场地组织和建筑材料组合的研究问题。

5.3.1.13　自然建筑运动

自然建筑运动(Natural building movement)是诞生于 20 世纪 60 年代的一场国际建筑运动,这场运动以住宅开始采用非工业建造技术为开端的,这些非工业建造技术包含大量以前工业时代的传统材料为主材的建筑形式。在自然建筑的相关理念中,自然建筑是和一种完整的、综合的哲学体系结合在一起的。这场运动不仅是一种单纯追求环保的建筑运动,它的实际内涵还包括了丰富的道德感和世界观,持有此种观点的专家和学者往往不仅认为地球生态是神圣的,而且是有生命的。他们关心建造有利于人身心健康的居住环境,将建造活动对自然环境的影响降到最低,最终将人工环境塑造成如同自然生态圈一样生机勃勃。林恩·伊丽莎白(Lynn Elizabeth)、卡桑德勒·亚当斯(Cassandra Adams)、大卫·伊斯顿(David Easton)等多位建筑师和学者都参与到这场运动中,这场运动对发达工业国家的民居建设观念产生了深远影响。

在自然建筑运动中,建筑材料往往仅经过简单的加工或直接保留其原始状态,建筑师主张从大自然的生物形态、流动性和变化多端的气质中吸取灵感。建筑师除了满足人的基本需求之外,还应注意到我们的设计及所选用的材料对环境和附近生物及其后代的影响。

除此之外,林恩·伊丽莎白认为,如果自然建筑运动能够在大多数工业国家中得到推崇,那么很多人类的传统遗存将得到保留。工业化批量生产的住宅剥夺了居民之间相处的可能性,使居住者失去了很多与邻居打交道的乐趣。他们希望在自然建筑运动中重建邻里文化,赋予住区新的活力,同时在使用本土材料的过程中刺激本地的相关行业发展。他们反对将自然材料与贫穷相关联,主张简洁和本土化的建筑才能带给居住者更大的自我表现空间,而且让人更亲近大自然。

5.3.2　节能政策

我国住房和城乡建设部于 2017 年发布的《建筑节能与绿色建筑发展"十三五"规划》中,对我国建筑节能工作做出了全面部署,在之前工作成果的基础上,采取稳步推进的方针。"十三五"时期建筑节能和绿色建筑主要发展指标见表 5-3-1。

表 5-3-1 "十三五"时期建筑节能和绿色建筑主要发展指标

指标	2015 年	2020 年	年均增速(累计)	性质
城镇新建建筑能效提升率(%)	—	—	[20]	约束性
城镇绿色建筑占新建建筑比例(%)	20	50	[30]	约束性
城镇新建建筑中绿色建材应用比例(%)	—	—	[40]	预期性
实施既有居住建筑节能改造(亿 m²)	—	—	[5]	约束性
公共建筑节能改造面积(亿 m²)	—	—	[1]	约束性
北方城镇居住建筑单位面积平均采暖能耗强度下降比例(%)	—	—	[15]	预期性
城镇既有公共建筑能耗强度下降比例(%)	—	—	[5]	预期性
城镇建筑中可再生能源替代率(%)	4	6▲	[2]	预期性
城镇既有居住建筑中节能建筑所占比例(%)	40	60▲	[20]	预期性
经济发达地区及重点发展区域农村居住建筑采用节能措施比例(%)	—	10▲	[10]	预期性

注:① 加黑的指标为国务院节能减排综合工作方案、国家新型城镇化发展规划(2014—2020 年)中央城市工作会议提出的指标。
　② 加注▲号的为预测值。
　③ [ ]内为 5 年累计值。

具体目标是:到 2020 年,城镇新建建筑能效水平比 2015 年提升 20%,部分地区及建筑门窗等关键部位建筑节能标准达到或接近国际现阶段先进水平。城镇新建建筑中绿色建筑面积比重超过 50%,绿色建材应用比重超过 40%。完成既有居住建筑节能改造面积 5 亿 m² 以上,公共建筑节能改造 1 亿 m²,全国城镇既有居住建筑中节能建筑所占比例超过 60%。城镇可再生能源替代民用建筑常规能源消耗比重超过 6%。经济发达地区及重点发展区域农村建筑节能取得突破,采用节能措施比例超过 10%。

5.3.2.1 加快提高建筑节能标准及执行质量

重点城市节能标准领跑计划。严寒及寒冷地区,引导有条件地区及城市率先提高新建居住建筑节能地方标准要求,节能标准接近或达到现阶段国际先进水平。夏热冬冷及夏热冬暖地区,引导上海、深圳等重点城市和省会城市率先实施更高要求的节能标准。

标杆项目(区域)标准领跑计划。在全国不同气候区积极开展超低能耗建筑建设示范。结合气候条件和资源禀赋情况,探索实现超低能耗建筑的不同技术路径。总结形成符合我国国情的超低能耗建筑设计、施工及材料、产品支撑体系。开展超低能耗小区(园区)、近零能耗建筑示范工程试点,到 2020 年,建设超低能耗、近零能耗示范项目1 000 万 m² 以上。

5.3.2.2 全面推动绿色建筑发展量质齐升

绿色建筑倍增计划。推动重点地区、重点城市及重点建筑类型全面执行绿色建筑标准,积极引导绿色建筑评价标识项目建设,力争使绿色建筑发展规模实现倍增。

绿色建筑质量提升行动。强化绿色建筑工程质量管理,逐步强化绿色建筑相关标准在设计施工图审查、施工、竣工验收等环节的约束作用。加强对绿色建筑标识项目建设跟踪管理,加强对高星级绿色建筑和绿色建筑运行标识的引导,获得绿色建筑评价标识项目中,二星级及以上等级项目比例超过 80%,获得运行标识项目比例超过 30%。

绿色建筑全产业链发展计划。到 2020 年,城镇新建建筑中绿色建材应用比例超过 40%;城镇装配式建筑占新建建筑比例超过 15%。

5.3.2.3　稳步提升既有建筑节能水平

既有居住建筑节能改造。在严寒及寒冷地区,落实北方清洁取暖要求,持续推进既有居住建筑节能改造。在夏热冬冷及夏热冬暖地区开展既有居住建筑节能改造示范,积极探索适合气候条件、居民生活习惯的改造技术路线。实施既有居住建筑节能改造面积 5 亿 m² 以上,2020 年前基本完成北方采暖地区有改造价值城镇居住建筑的节能改造。

老旧小区节能宜居综合改造试点。从尊重居民改造意愿和需求出发,开展以围护结构、供热系统等节能改造为重点,多层老旧住宅加装电梯等适老化改造,给水、排水、电力和燃气等基础设施和建筑使用功能提升改造,绿化、甬路、停车设施等环境综合整治等为补充的节能宜居综合改造试点。

公共建筑能效提升行动。开展公共建筑节能改造重点城市建设,引导能源服务公司等市场主体寻找有改造潜力和改造意愿建筑业主,采取合同能源管理、能源托管等方式投资公共建筑节能改造,实现运行管理专业化、节能改造市场化、能效提升最大化,带动全国完成公共建筑节能改造面积 1 亿 m² 以上。

节约型学校(医院)。建设节约型学校(医院)300 个以上,推动智慧能源体系建设试点 100 个以上,实施单位水耗、电耗强度分别下降 10% 以上。组织实施绿色校园、医院建设示范 100 个以上。完成中小学、社区医院节能及绿色化改造试点 50 万 m²。

5.3.2.4　深入推进可再生能源建筑应用

太阳能光热建筑应用。结合太阳能资源禀赋情况,在学校、医院、幼儿园、养老院以及其他有公共热水需求的场所和条件适宜的居住建筑中,加快推广太阳能热水系统。积极探索太阳能光热采暖应用。全国城镇新增太阳能光热建筑应用面积 20 亿 m² 以上。

太阳能光伏建筑应用。在建筑屋面和条件适宜的建筑外墙,建设太阳能光伏设施,鼓励小区级、街区级统筹布置,"共同产出、共同使用"。鼓励专业建设和运营公司,投资和运行太阳能光伏建筑系统,提高运行管理,建立共赢模式,确保装置长期有效运行。全国城镇新增太阳能光电建筑应用装机容量 1 000 万 kW 以上。

浅层地热能建筑应用。因地制宜推广使用各类热泵系统,满足建筑采暖制冷及生活热水需求。提高浅层地能设计和运营水平,充分考虑应用资源条件和浅层地能应用的冬夏平衡,合理匹配机组。鼓励以能源托管或合同能源管理等方式管理运营能源站,提高运行效率。全国城镇新增浅层地热能建筑应用面积 2 亿 m^2 以上。

空气热能建筑应用。在条件适宜地区积极推广空气热能建筑应用。建立空气源热泵系统评价机制,引导空气源热泵企业加强研发,解决设备产品噪声、结霜除霜、低温运行低效等问题。

5.3.3 节能研究现状

5.3.3.1 节能节地建筑

节能节地建筑设计思想的出发点是力争节约能量和物质资源,实现一定程度的物质材料的循环,如循环利用生活废弃物质,采用"适当技术",如应用太阳能技术和沼气。发展节能节地建筑预示着人类将不断利用新科技手段,充分利用洁净、安全、永存的太阳能及其他新能源,取代终将枯竭的常规能源,并以美观的形象、适宜的密度、地上地下和海上陆地相结合的建筑群为人们创造美好的生活空间和环境。

"节能"的含义是有效地利用能源,并用太阳能等新能源取代油、汽、煤、柴等传统(常规)能源。"节地"的含义是建筑活动应最大限度地减少占地表面积并使绿化面积少损失、不损失甚至增多。

在中国节能节地建筑研究中,"适当技术"的出发点是适宜技术的利用,体现的是英国经济学家舒马赫(E. F. Schumacher)倡导的"中间技术"思想,与追随这种思想的设计实践存在类似之处。中国节能节地建筑研究中,倾向于"少输入"的能量和物质材料的流动模式。中国的节能节地建筑研究对土地资源的关注,是由中国自身的国情决定的,这是研究中的一个关键性的问题。

5.3.3.2 生土建筑

生土,通常是指以原状土为主要原料,无需焙烧等化学类改性,仅依靠简单的机械加工便可用于房屋建造的建筑材料。以生土作为主体结构材料的房屋通常被称为生土建筑。20 世纪 70 年代兴起的生土建筑(包括掩土建筑,覆土建筑)研究的内容和特点是利用生土来改善建筑的热工性能,以达到节约能源的目的。澳大利亚的建筑师西德尼·巴格斯(S. Bags)、英格兰建筑师阿瑟·昆姆比(A. Quarmby)、美国建筑师麦尔科姆·威尔斯(M. Wells)以位于美国明尼苏达的地下空间中心为代表的设计进行了一些独特的、非常节约能源的生土建筑设计实践。威尔斯在《温和的建筑》(*Gentle Architecture*)一书中指出,由于人类破坏和城市化的发展,建筑师越来越多地毁坏了自己的家园。为此,他提倡使用可再生能源的建筑,并大力推广生土建筑,将生土建筑与更为充分地利用可再生资源等联系起来作为研究的重点。

中国建筑界以中国黄土高原的窑洞这一生土建筑的典型代表作为主要研究对象,进行了一系列的实验及改造研究,提出生土建筑具有的诸多优点:节能节地,微气候较稳定,防震防尘,防风防暴,隔声好,可减轻或防止放射性污染及大气污染的侵入,洁净(医学菌落实验证实),安静,有利于人体新陈代谢的平衡(人体生理测验证实),较安全(歹徒入户途径少），维修面少，有利于生态平衡及保护原有自然风景。

除浅层空间（如中国窑洞）以及地面掩土建筑外，中层（入地超过 30 m）及深层（入地超过 50 m）地下空间在技术上最主要的难点可用四个字概括，即水、火、风、光。

水，即施工时地下水处理问题及使用时的排水问题。

火，地下空间与地面建筑比，有阻止火势蔓延的优点，但一旦发生火灾，其救援与安全疏散则不及地面建筑迅捷。

风，地下空间自然通风条件较差，必须有强大的机械通风保证。

光，地下空间自然采光条件差，研究人员正致力于几何光学的引光系统及光导纤维的引光系统研究，并已有使用实例。

近年来，国内越来越多的建筑师进行了生土建筑现代化的相关实践，如非常建筑的二分宅（2002 年）、业余建筑工作室的水岸山居（2013 年）、麟和建筑的黄河口生态旅游区游客服务中心（2014 年）、土上建筑的马岔村民活动中心（2015 年）、若本建筑的洛阳二里头夏都遗址博物馆（2019 年）等，这些实践作品为生土建造这一传统营建技艺赋予了新的时代意义，对于建筑设计如何立足本土具有一定的参考价值。

5.3.3.3　生物建筑

戴维·皮尔森在《自然住宅手册》（*The Natural House Book*）中指出，同健康的建筑相关的最先进的运动是生物建筑运动。生物建筑所要表现的不仅是源于歌德的人文主义哲学以及对自然的热爱，同时还力图表达鲁道夫·斯坦纳（R. Steiner）对于整体健康（Holistic health）的研究成果。生物建筑从整体的角度看待人与建筑的关系，进而研究建筑学的问题，将建筑视为活的有机体，而建筑的外围护结构被比拟为皮肤，就像人类的皮肤一样，提供各种生存所必需的功能，如保护生命、隔绝外界环境、呼吸、排泄、挥发、调节以及交流。倡导生物建筑的目的在于强调设计应该以适宜人类的物质生活和精神需要为目的。同时建筑的构造、色彩、气味以及辅助功能必须同居住者和环境相和谐。建筑物建成后，室内外各种物质能量的交换依赖具有渗透性的"皮肤"来进行，以便维护一种健康的适宜居住的室内温度。

生物建筑运动的特点和作用主要表现为以下三点。

（1）重新审视和评价了许多传统、自然的建筑材料和自然的营造方法，而不是借助广泛应用机械设备的采暖和通风技术。

（2）建筑的总体布局和室内设计多体现出人类与自然的关系，通过平衡、和谐的设计，提倡和宣扬一种温和的建筑艺术。对于生物建筑而言，人类健康和生态效益是交织在一起的关注点。

（3）生物建筑使用科学的方法来确定材料的使用，认为建筑的环境影响及健康主要取决于人们的生活态度和方式而不是单纯的技术考虑。

5.3.3.4 自维持住宅

自维持住宅(Autonomous House)的设计研究自20世纪60年代开始。布兰达·威尔和罗伯特·威尔认为自维持住宅是除了接受邻近自然环境的输入以外,完全独立维持其运作的住宅。特点是住宅并不与煤气、上下水、电力等市政管网连接,而是利用太阳、风和雨水维持自身运作,处置各种随之产生的废弃物,甚至食物也要自给。如果用生态系统观点进行解释,自维持住宅的设计就是力图将住宅构成一种类似于封闭的生态系统,维持自身的能量和物质材料的循环(图5-3-1)。

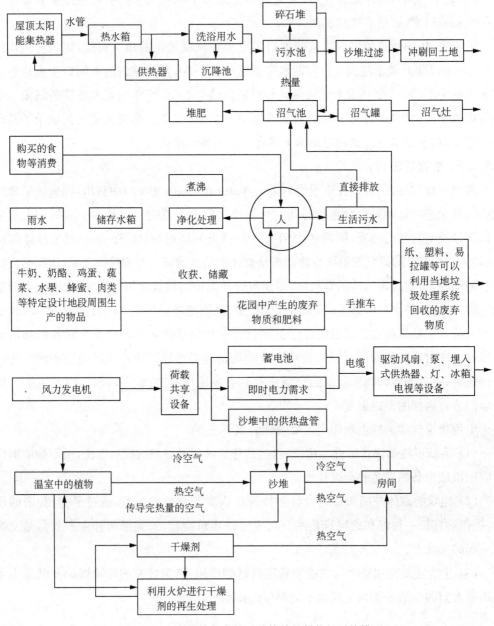

图5-3-1 自维持住宅的一种简单的低能量系统模型

自维持住宅的设计思想有两点：

（1）认识到地球资源的总量是有限度的，因此寻求一种满足人们生活的基本需求的标准和方式。

（2）认识到技术本身存在着一种矫枉过正的倾向，伴随着这种倾向的，过于追求技术开发和利用而导致的地球资源大量耗费。因为应用很多技术后，所获得结果的精密程度，已远远超出了人们所能感知到的范围，因此以"足够"满足人体舒适为目标，而不是追求"更多"的舒适要求。

自维持住宅的两个设计目标是：

（1）利用自然生态系统中直接源自太阳的可再生初级能源（如太阳能、风能等）和一些二级能源（如沼气等），以及再利用住宅自身产生的废弃物质，来维持建筑运作阶段所需要的能量和物质材料。

（2）利用适当的技术——这些技术的特点是降低了技术层次，利于使用者个人进行维护，包括主动式和被动式太阳能系统的利用、废物处理（如沼气技术）、能量储藏技术等。自维持住宅在设计研究中所侧重的很多技术事实上仍然是高层次技术，同时以一种不屑的态度看待所谓的"前工业化技术"，这正是由于其本身的定义所造成的。因为不采用高层次技术，将难以达到自维持住宅所要求的"完全自我维持"这一设计目标。

5.3.3.5　结合气候的建筑

20 世纪二三十年代以来，人们对生物圈的科学理解越来越深入。生物学家指出，除了人类以外，没有其他生物能在几乎地球所有的气温带生活。这就向建筑师提出了如何设计适应各种气候的建筑的要求。到了四五十年代，气候和地域条件成了影响设计的重要因素。

1963 年，奥戈亚（V. Olgyay）所著的《设计结合气候：建筑地方主义的生物气候研究》（*Design With Climate: Bioclimatic Approach to Architectural Regionalism*）一书概括了 20 世纪 60 年代以来建筑设计与气候、地域关系的各种成果，提出了"生物气候地方主义"的设计理论和方法，将满足人类的生物舒适感作为设计的出发点，注重研究气候、地域和人类生物感觉之间的关系。80 年代，吉沃尼（B. Givoni）在其《人·气候·建筑》（*Man, Climate and Architecture*）一书中，对奥戈亚的生物气候方法内容提出了改进。

奥戈亚和吉沃尼提出的方法没有本质的差别，都是从人体生物气候舒适性出发分析气候条件，进而确定可能的设计策略，只不过各自采用的生物气候舒适标准存在差异。实际的生物舒适感应该与特定的气候和地域条件结合起来考察，应该充分兼顾建筑师可能采用的各种被动式制冷或供暖设计策略，不同地域的众多建筑师也在持续进行适应特定气候条件的建筑探索。

印度建筑师柯里亚（Charles Correa）结合自己的设计实践，提出"形式追随气候"的设计概念。柯里亚认为过去和现在的很多乡土建筑，体现了对气候的适应，他以一种从传统印度建筑中发掘出来"开放向天"(open-to-sky space)的空间为中心,形成了很多适应气候的设计策略。"开放向天"的空间一方面是指实体性的露天或半露天空间,如院落、阳台、屋顶平台以及内廊等;另一方面体现了印度特有的利用室外和半室外空间的生活方式。所以在一般人认为的庭院具有调节微气候,影响土地利用模式之外,会格外重视庭院对人们生活模式的影响,而且强调"在热带气候中,空间就如同钢筋混凝土一样是一种宝贵的资源"。

另一位卓有成就的建筑师是埃及的哈桑·法希(H. Fathy),为了说明气候对各种传统建筑形式的影响,法希研究了屋顶随不同气候地域而产生的变化,认为这是气候造成建筑形式不同的一个主要体现。此外,法希从建筑影响微气候的七个方面分别对传统建筑的设计策略进行了评价,这七个方面分别是建筑的形态、建筑定位、空间的设计、建筑材料、建筑外表面材料肌理、材料颜色以及开敞空间的设计。法希认为,通常而言,与一些现代技术手段相比,这些设计策略往往能够同人体的生物舒适要求相协调,同生态环境保持和谐。他结合自己的实践,对传统的设计策略和低收入群体住宅提出了发展和改进的措施。

5.3.3.6 新陈代谢建筑

在1960年的东京国际设计会议上,受丹下健三的影响,黑川纪章与菊竹清训、川添登等人提出了"新陈代谢"理论,随后大高正人、桢文彦等也参加了这一运动。

该理论是在对工业化基础上的20世纪机器原理时代的深刻批评之上提出的。黑川纪章认为,"机器原理时代重视模式、范型和理想"。后来成为现代主义建筑典型的国际式建筑正是机器时代的那些模式和范型的一种表现。机器原理时代是欧洲精神的时代,普遍性的时代,可以说20世纪(机器时代)是欧洲中心主义和理性中心主义时代。理性中心主义假定世界只有一个终极真理,这个真理能够被人类的智力发现和证实. 这种态度的后果使得社会将科学和技术(人类理论的产物)置于人类成就的顶端,而将艺术、宗教、文化以及感情和知觉所奉献的那些领域,归属于次要的位置。理性中心主义认为只有人具有理性,将人列于仅次于上帝之下,而轻视其他动物、植物和生物的生命价值。就像"一个人的生命要比整个世界更有价值"这句话所坦言的:世界围绕着人的存在旋转。依据这种观点;空气、河流和海洋的污染、森林的毁灭以及动植物的灭绝都被看作技术的发展过程及人类社会的经济活动中不可避免的事件,而人类社会,它的城市及建筑则被认为是永恒的。

新陈代谢运动所倡导的要点有以下几方面。

(1) 面对机器时代的挑战,强调生命和生命形式。

(2) 复苏现代主义建筑中被丢失或忽略的要素,如历史传统、地方风格和场所性质。

(3) 不仅强调整体性而且强调部分、子系统和亚文化的存在与自主。

(4) 文化的地域性和识别性未必是可见的。这展示了有可能通过最先进的当代技术和材料表现地域的识别性。

（5）新陈代谢建筑的暂时性。佛教的"无常"观念表示的动态平衡代替了西方审美思想的普遍性和永恒性。

（6）将建筑和城市看作在时间和空间上都是开放的系统，就像有生命的组织

（7）历时性，过去、现在和将来的共生；共时性，不同文化的共生。

（8）神圣领域、中间领域、模糊性和不定性这些都是生命的特点。

（9）作为信息时代的新陈代谢建筑。隐形的信息技术、生命科学和生物工程学提供了建筑的表现形式。

（10）重视关系胜过重视实体本身。

新陈代谢建筑积极地接受、吸引和保留现代社会和现代建筑中有价值的成就，不同于彻底反对工业革命的莫里斯（W. Morris）和艺术与手工艺运动，新陈代谢建筑在试图表现文化和识别性的同时也积极采用现代技术和材料。

5.3.3.7　共生建筑

共生思想是"新陈代谢"运动主要发起人——日本著名建筑师黑川纪章的建筑思想的核心。在石油危机来临的 20 世纪 70 年代，面对建筑界的多元趋向，黑川修正了他对技术的永恒和普遍性的信仰，回归传统，寻求日本传统文化和现代文明的连接点，从本质上重新讨论现代和传统的结合，进一步发展了新陈代谢时期形成的中间领域理论，并提倡变生和模糊性思想。在 20 世纪 80 年代，黑川阐明了他一直追求的共生思想。

黑川从生物多元存在的科学思想中，尤其是从东方传统的生命哲学、法国结构主义哲学和存在主义哲学中，从不同的地域文化中，追求异质文化的共生、人与自然的共生以及个性的表现。黑川认为每一种文化都应当培植自身技术体系，以创造特有的生活方式，探求共同的平衡点。

"共生"包含许多不同的范畴：历史与现在的共生，传统与最新技术的共生，部分和整体的共生，自然和人的共生，不同文化的共生，艺术和科学的共生以及地域性和普遍性的共生。

5.3.3.8　少费多用住宅

富勒在 1922 年提出"少费多用"概念（Ephemeralization），并在 1938 年出版的《通向月球的 9 个环节》（*Nine Chains to the Moon*）中加以系统地阐述。这一概念表达的意思是使用较少的物质和能量追求更加出色的表现。

提出"少费多用"概念的原因是针对工业社会的一些经济现象，富勒认为在这些现象中有两点导致这一概念的产生。首先，美国或其他工业国家经济状况不再像工业革命时期那样，用产量的吨位作为衡量标准，而是用发电量，即转换为电能的能量；其次，人们在使用较少的原材料、能量和时间的前提下，付出了更多的劳动，并且创造出新的轻而坚固的合金、新的化学产品和电器产品。

这种思想的前提同普遍系统论中的整体协调思想是一致的,即整体大于部分之和。正是基于这一思想,富勒创造了 Dymaxion 住宅概念,Dymaxion 的意思是动态主义加效率。富勒认为一般住宅建筑模式早已过时,因为从中世纪欧洲以来,建筑设计并没有本质的发展,住宅被设计成固定的盒子,捆绑在水电管网上。富勒寻求的是设计一种远远比"砖盒子"优越的住宅,而且可以脱离各种市政管网,独立维持运作。

Dymaxion 住宅具有以下特点。

(1)可大量建造,费用低廉,采用工厂制造的方式生产。所有必需的服务设施,都布置在位于中央的一根空心八角桅杆中,就像汽车和飞机一样;可以出租和出售,售价相当于一辆豪华汽车。

(2)灵活性。可以利用直升机或飞艇空运到世界上任何地点,所有的水电系统都在工厂预装。如果需要,住宅自身可以利用太阳能和电池实现能量自给,同时备有自己的水库,并不需要接入城市综合市政管网。拆卸后,所有住宅构件的重量不超过 25 kg,一个人就可以完成建造任务。

(3)符合模数。可以相互装配在一起,构成社区。

(4)高效率。完全采用自动控制,具有保持住宅自身清洁的功能。居住者个人有特殊要求,可以通过工厂订货的方式,将相关的设备预先装好。住宅设计的目的之一就是要减轻使用者的家务劳动量。

(5)舒适。可根据使用者的不同风格,方便地重新布置室内平面,只要调整放射状隔墙位置,就可以控制房间的数量和大小。

Dymaxion 住宅的构想的影响有两点。第一,对减少资源的耗费具有重要的意义,促使人们在设计中寻求利用高效率的技术替代传统的技术。第二,减少对周围管网的依赖,可以减少建造过程中对生态环境的破坏,为后来的"自维持住宅"研究提供了一个基本的出发点,即实现住宅所需的能量和物质材料的自给自足。

5.3.3.9 高技术建筑

从高技术建筑的代表人物诺曼·福斯特(N. Foster)、理查德·罗杰斯(R. Rogers)及伦佐·皮亚诺(R. Piano)的作品中,我们能看到设计者重视技术的思想本身也发生了一些变化。

受到生态学家或者建筑学中生态学思想的影响,开始更多地关注建筑系统对生态环境的影响,在追求技术的同时,面对环境、文化等问题表现出适应性的态度。综合平衡人类生态学中的社会、文化、技术和自然等维持人类生存的诸多因素,就如同有机生命体与周围的生态系统环境条件相互作用一样。

对技术的关注也已经从纯粹的"硬技术"转向开发各种利用可再生能源和物质材料的生态技术,包括中间技术、适宜技术和软技术。福斯特认为,设计者决定采用某些技术时,是根据本地和地区条件来判定的,而不论其是否"先进"。罗杰斯的表述则更加明确,他认为技术不一定是高级或者低级，而应当是合适的技术，技术要由特定的环境来决定，"我们总是在最有必要的地方使用复杂技术"。

高技术建筑的一个特点是利用计算机和信息技术的发展使固定的建筑外围护结构成为相对于气候可以自我调整的围合结构，成为建筑的皮肤，可以进行呼吸，控制建筑系统与外界生态系统环境能量和物质的交换，增强建筑适应持续发展变化的外部生态系统环境的能力，并达到节能的目的。

高技术建筑的另一个特点是对建筑的灵活性和持久性的关注。罗杰斯甚至将"灵活、持久、节能"视为建筑的三要素，他认为，"一座易于改造的建筑才会拥有更长的使用寿命和更高的使用效率。从社会学和生态角度讲，一项具有良好灵活性的设计延展了社会生活的可持续性"。

5.3.3.10　有机建筑

在现代主义建筑盛行的年代，也有关注特定的地域和环境的建筑师在孜孜探求。作为"有机建筑"的倡导者，美国现代建筑大师赖特（F. L. Wright）就是其中杰出的代表人物。

有机建筑非常重视环境。在《建筑的未来》（*The Future of Architecture*）一书中，赖特说："我努力使住宅具有一种协调的感觉（a sense of unity），一种结合的感觉，使之成为环境的一部分，如果成功（建筑师的努力），那么这所住宅除了在它的所在地点之外，不能设想放在任何别的地方。它是那个环境的一个优美部分，它给环境增加光彩，而不是损害它"，"有机建筑应该是自然的建筑。自然界是有机的。建筑师应该从自然中得到启示。房屋应当像植物一样，是地面上的一个基本的、和谐的要素，从属于环境，从地里长出来迎着太阳。"

有机建筑还强调整体概念。赖特认为，建筑必须同所在的场所、建筑材料以及使用者的生活有机地融为一体。"有机建筑是一种由内而外的建筑，它的目标是整体性"，"有机表示内在的——哲学意义上的整体性。在这里，总体属于局部，局部属于整体；在这里，材料和目标的本质，整个活动的本质都像必然的事务一样，一清二楚"。有机建筑应是"对任务和地点性质、材料的性质和所服务的人都真实的建筑"。

同时，因为设计过程是一个动态变化的过程，所以赖特认为没有一座建筑是"已经完成的设计"。建筑始终持续地影响着周围环境和使用者的生活。

5.3.3.11　绿色建筑

20 世纪 90 年代随着"可持续发展"思想的提出及其在全球范围影响的扩散，有关绿色建筑的研究也空前活跃。

丹尼斯（Klaus Daniels）在他的专著《生态建筑技术》（*The Technology of Ecological Building*）中指出："绿色建筑是建筑学领域的一次运动，它通过有效地管理自然资源，创造对环境友善、节约能源的建筑。它使得主动和被动地利用太阳能成为必须，并在生产、应用和处理材料的过程中,尽可能减少对自然资源(如水、空气等)的危害。"

我国的《绿色建筑评价标准技术细则》(GB/T 50378—2019),对绿色建筑有如下定义:在全寿命周期内,节约资源、保护环境、减少污染,为人们提供健康、适用、高效的使用空间,最大限度地实现人与自然和谐共生的高质量建筑.

5.3.3.12 生态建筑

"生态建筑"的称谓自 20 世纪 60 年代以来就已经存在,但是"目前还没有重要统一的生态建筑理论或者被普遍接受的生态建筑的概念和定义"。所以除了"生态建筑"外,许多大量被使用的称谓是"注重生态的建筑""有生态意识的建筑"等。

索莱里(P. Soleri)最早将生态学同建筑学的概念结合在一起,创造了"城市建筑生态学"(Arcology)architecture(建筑)+ecology(生态)的概念和理论,力图用新的符合生态原则的城市模式取代现有模式,设计一种高度综合的、集中式的三维尺度的城市,以提高能源、资源利用率,减少能耗,消除因城市无限扩张而产生的各种城市问题的负面影响。城市建筑生态学的设计实践始于阿科桑底新城的规划建设,小镇的规划目的是将其作为一种符合城市建筑生态学理论的新城原型,示范一些能改善城市状况、减少对地球破坏性影响的方法。

生态学家托德(J. Todd)于 1969 年在名为《从生态城市到活的机器——生态设计诸原则》(*From Eco-cities to Living Machines: Principles of Ecological Design*)一书中阐述了将"地球作为活的机器"的生态设计原则如下。

(1) 体现地域性特点,同周围的自然环境协同发展,具有可持续性。

(2) 利用可再生资源,减少不可再生能源的耗费。

(3) 建设过程中减少对自然的破坏,尊重自然界的各种生命体。

建筑师赫尔佐格(T. Herzog)从 20 世纪 70 年代就对生态建筑进行研究。他认为,建筑师应该积极利用高效率的技术,可以通过采用比常规做法少得多的物质材料满足同样的功能要求,当然采用新技术的前提是它们必须是正确的、恰当的。他同时关注设计的灵活性和建筑元素的灵活性,不仅强调功能的灵活性,还强调建筑细部的灵活性和多功能性。最明显的是强调外围护结构的多功能性:窗户、百叶、墙身等组合在一起,发挥透光、遮挡直射阳光、蓄热通风等多种作用。另外,赫尔佐格还创造了一种空心黏土面砖立面系统,可以将面砖任意地切割成所需要的宽度,组装非常简便。

目前,生态建筑通常划分为两大类型,一类是像赫尔佐格这样的城市类型,其特点是关注利用技术含量高的适宜技术,侧重于技术的精确性和高效性,通过精心设计的建筑细部,提高对能源和资源的利用效率,减少不可再生资源的耗费,保护生态环境。另一类型则被称为乡村类型,其特点是采用较低技术含量的适宜技术,侧重对传统地方技术的改进来达到保护原有的生态环境的目标。

5.3.3.13　近零能耗建筑

依据我国《近零能耗建筑技术标准》的定义,近零能耗建筑(Nearly Zero Energy Building,nZEB)指:适应气候特征和自然条件,通过被动式建筑设计和技术手段最大幅度降低建筑供暖、空调、照明需求,通过主动技术措施最大幅度提高能源设备与系统效率,利用可再生能源发电,以最少的能源消耗提供舒适室内环境,且室内环境参数和能耗指标满足该标准要求的建筑。

5.3.3.14　超低能耗建筑

超低能耗建筑指适应气候特征和自然条件,在利用被动式建筑设计和技术手段大幅降低建筑供暖、空调、照明需求的基础上,通过技术措施提高能源设备与系统效率,以更少的能源消耗提供舒适室内环境的建筑。超低能耗建筑是近零能耗建筑的初级表现形式,其室内环境参数与近零能耗建筑相同,能效指标略低于近零能耗建筑。

5.3.3.15　零能耗建筑

零能耗建筑指适应气候特征和自然条件,通过被动式建筑设计和技术手段最大幅度降低建筑供暖、空调、照明需求,通过主动技术措施最大幅度提高能源设备与系统效率,充分利用建筑物本体、周边的可再生能源,使可再生能源全年供能大于等于建筑物全年全部用能的建筑。

5.3.3.16　碳中和与低碳建筑

从 1992 年《联合国气候变化框架公约》在纽约通过开始,到 1997 年《京都议定书》在日本通过,再到 2009 年在哥本哈根召开的联合国气候变化大会,控制温室气体排放以缓解全球气候变暖已经成为国际社会的共识。但自 2015 年联合国气候变化大会通过《巴黎协定》以来,世界各国的减排承诺目标为控制全球平均气温较工业化时期前上升不超过 2℃,并努力控制在 1.5℃ 以下,效果距实现尚有较大缺口。联合国最新发布的《2019 年排放差距报告》再次对世人拉响警报:如果全球温室气体的排放量在 2020—2030 年之间不能每年下降 7.6%,世界将有可能失去实现 1.5℃ 温控目标的机会。人类向低碳乃至零碳社会转型已经刻不容缓。

碳中和(carbon neutral)也叫碳补偿(carbon offset),它是指通过植树等固碳措施吸收掉其他行为产生的二氧化碳排放,达到环保的目的。低碳与碳中和都是人类社会为缓解全球气候变暖所做的努力,碳中和是低碳发展理念的延伸,它不仅要求更低的人类活动碳排放,还要求将这一部分碳排放通过林业碳汇等碳补偿措施将其吸收、清除,最后实现碳收支的平衡。

低碳建筑指在建筑的全生命周期中,碳排放量比较少的建筑,也可称为"碳足迹比较小的建筑物"。建筑行业作为碳排放的主要来源之一,是世界各国应对气候变化实施节能减排的重点对象,如何在建筑业推行低碳发展的路线逐渐成为各国相关部门的工作焦点。为了降低建筑行业的温室气体排放,2003 年英国政府首次提出了低碳建筑的概念以应对相关环境与能源问题。

5.4 节能建筑设计

5.4.1 建筑总平面节能设计

建筑的基地选择和总平面设计是节能建筑设计的重要组成部分和决定因素,基地的条件和特点会影响节能建筑系统设计和建筑节能效果。建筑总平面节能设计应从基地选择、建筑间的相互关系、建筑的朝向和间距、建筑的外部空间环境、建筑体型、冬夏两季节风向和太阳辐射等方面,进行深入研究。通过相应的设计手法,组织有益节能的基地因素,同时克服或修正基地不利条件,以创造有利建筑节能的微气候环境,达到建筑节能目的。

不同的基地会产生截然不同的节能建筑,节能建筑形式受制于基地的客观条件。

5.4.1.1 基地选择要素

节能建筑设计在选择基地时,主要涉及地理位置、气候特征、植被生长和人文环境等方面,基地选择的科学性、合理性将直接影响节能建筑设计的后续工作,甚至会成为节能建筑成败的关键。基地选择可以从以下要素着手进行研究。

(1)基地的地理位置

① 冬夏两季太阳运行轨迹;

② 冬夏两季风玫瑰图;

③ 基地低洼处产生冷气流的可能性;

④ 基地内水面位置及对节能的影响。

(2)基地周围的遮挡情况

① 地貌对有利阳光、风的遮挡状况;

② 南向建筑、构筑物的遮挡状况;

③ 阻挡不良风流的可能性。

(3)环境的气候特征

① 基地微气候保护范围;

② 恶劣气候影响部分;

③ 太阳辐射量;

④ 基地风流情况;

⑤ 地区雨雪量及冰冻线;

⑥ 冬夏两季的温湿度典型指标;

⑦ 基地受气候影响最大范围。

(4)地面的植被生长

① 遮蔽阳光和风的树种及位置;

② 有利于节能的植物;

③ 可以树木再植的余地。

（5）地区的人文环境

① 当地节能法规和执行情况；

② 人群的热舒适习惯；

③ 技术水平和管理经验；

④ 节能意识的力度。

5.4.1.2　建筑的选址

节能建筑对基地有选择性,不是在任何位置、任何微气候条件下均可产生节能建筑,但也并不排除花费昂贵代价来换取建筑节能目的的可能性。基地条件主要是从满足建筑冬季采暖和夏季致凉来进行研究和讨论,容易被忽视的是,就完整意义上的节能建筑而言,"暖"和"凉"之中不能够偏废任一项。

（1）向阳原则——采暖目的

节能建筑为满足冬季采暖目的,利用日照是最经济、最合理的有效途径,同时阳光又是人类生存、健康和卫生的必要条件,因此节能建筑首先要遵循向阳要求。

① 建筑的基地应选择在向阳的平地或山坡上,以争取尽量多的日照,为建筑单体的节能设计创造采暖先决条件。

② 建筑的前方(向阳面)无固定遮挡,任何无法改造的遮挡都会增加建筑采暖负荷,造成不必要的能源浪费。

③ 建筑位置要有效避免西北寒风,以降低建筑围护结构(墙和门窗)的热能渗透。

④ 建筑应满足最佳朝向范围,并使建筑内的各主要空间有良好朝向,以使建筑争取更多的太阳辐射。

⑤ 一定的日照间距是建筑充分得热的先决条件,但间距太大会造成用地浪费。一般根据建筑类型的不同,规定不同的连续日照时间来确定建筑最小间距。

⑥ 科学组合建筑群体,相对位置合理布局,都可取得良好的日照,建筑的阴影效果通过组合还可达到遮阴目的(图 5-4-1)。

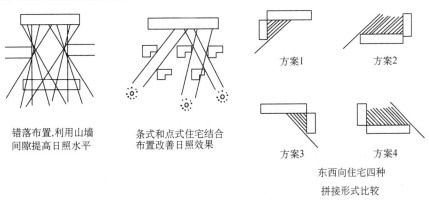

错落布置,利用山墙
间隙提高日照水平

条式和点式住宅结合
布置改善日照效果

方案1　方案2

方案3　方案4

东西向住宅四种
拼接形式比较

图 5-4-1　日照情况示意图

a. 建筑的错列布局可利用山墙空间争取日照;

b. 建筑类型的点状与条状有机结合;

c. 建筑的围合空间既可以挡风,又不影响日照。

(2) 通风原则——致凉目的

完整意义上的节能建筑在满足冬季采暖要求的同时,必须兼顾夏季致凉问题,即尽量不消耗常规能源,利用自然提供的条件,使室内凉爽。最古老、最合理的建筑致凉方法就是良好的通风,即利用夜间凉爽通风使室内壁体家具降温,到白天时,通过散失"凉气"而降温,其遵循原则有:

① 基地环境条件不影响夏季主导风吹向建筑物,冬季主导风尽量少影响建筑。

② 植被、构筑物等永久地貌对导风的作用研究。

③ 对一些基地内的物质因素加以组织、利用,以最简洁、最廉价的方式改造室外环境,以创造良好的风环境,为建筑物内部通风提供条件。

(3) 遮阴原则——致凉目的

遮阴是防止过多的夏季太阳辐射影响到建筑物,以达到致凉目的有效措施,基地遮阴主要来自三方面。

① 绿化:一切落叶乔木都能起良好的遮阴作用,并能降低微气候的环境温度。

② 建筑:特定气候环境中,缩小建筑间距,使前幢建筑成为遮阴物体,而形成凉巷,这种以建筑自身遮阴的做法不会增加造价,但对微气候条件改善意义重大。

③ 地貌:在山坡、突兀的丘陵建造房屋,自然地貌可以有一定遮阴作用,我们的祖先在战胜自然过程中有许多类似的实践。

(4) 减少能量需求原则——综合目的

尊重气候条件,使建筑避免一些外部因素而增加冷(热)负荷,尽量少受自然的"不良"干扰,并通过设计、改造,以降低建筑对能量的需求。

① 避免霜洞效应:未来建筑不宜布置在山谷、洼地、沟底等凹形基地。由于寒冬的冷气流在凹形基地会形成冷空气沉积,造成霜洞效应,使建筑处于凹形基地部位的部分,如底层、半地下层围护结构外的微气候环境恶化,影响室内小气候,而增加能量的需求。

② 避免辐射干扰:辐射干扰来自玻璃幕墙反射的阳光辐射之热"污染",过多的光洁硬地使阳光反射加剧。夏季,基地周围建筑和构筑物造成的太阳辐射会提高建筑热负荷,建筑选址时必须避开辐射干扰范围,或合理组织基地内的建筑和构筑物,减少未来建筑的能量需要。

③ 避免不利风向:基地内的冬季寒流走向会影响建筑的微气候环境,造成能量需求增加。在建筑选址和建筑组群设计时,充分考虑封闭西北向(寒流主导向),合理选择封闭或半封闭周边式布局的开口方向和位置,使建筑组群达到避风节能目的。冬季寒流风向可以通过各地风玫瑰图读得。

④ 避免局地疾风:基地周围(外围)的建筑组群不当,会造成局部范围内冬季寒风的流速加剧,并给建筑围护结构造成较强的风压,增加了墙和窗的风渗漏,加大室内环境采暖负荷。

⑤ 避免雨雪堆积:地形中处理不当的槽沟,会在冬季产生雨雪堆积,雨雪在融化(蒸发)过程中将带走大量热量,造成建筑外环境温度降低,增加围护结构保温的负担,对节能不利。这种问题也同样产生于建筑勒脚与散水坡位置处设计不当的地方,及屋面设计不当造成的建筑物对能量需要的增加。

5.4.1.3 总平面节能设计方法

建筑基地选择会直接影响节能建筑的效果,但基地条件可以通过建筑设计及构筑物配置等来改善其微气候环境,充分发挥有益于提高节能效益的基地条件,避免、克服不利因素,在节能建筑总平面设计中有广泛余地和多种方法,总平面节能设计将在建筑与基地条件协调过程中,尊重微气候环境,通过节能建筑设计手法达到节能的目的。

(1) 开敞南空间

建筑在基地中应坐(西)北朝南,南侧应尽量留出在空间和尺度上许可的大而开阔的室外空间,以利争取较多的冬季日照及夏季通风(图 5-4-2)。

(2) 风影区概念

在建筑北侧留出的空间应有效地采取技术措施,防止冬季寒风对建筑的影响,应使建筑处于免受西北寒风干扰的"阴影"内。可以通过植被或构筑物、总平面的合理布局,将寒风导离建筑区域,使寒风对建筑的影响程度降至最小(图 5-4-3)。

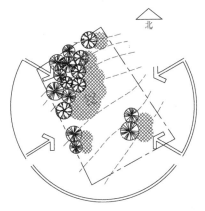

图 5-4-2 开敞空间节能策略

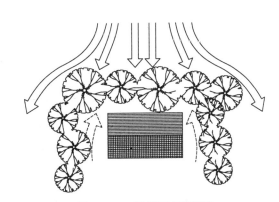

图 5-4-3 风影区节能策略

(3) 利用"自然空调"

在建筑南侧空地设置水面、喷泉,在夏季水体蒸发使微环境炎热条件改善,而且在冬季,水面强化太阳辐射的反射作用,使建筑立面吸热的外部来源增加,提高建筑冬季的日照得热。

（4）植土降温

南侧基地广植绿化、减少硬地面积，在夏季可以有效调节热辐射，减少日照反射对建筑的影响。

（5）阴影保护效应

建筑总平面组群设计时，适度缩小建筑间距，形成东西向"狭窄"的道路，利用建筑物间的阴影达到夏季阳光屏障效应，对节能建筑的夏季致凉不失为有效的方法。

（6）消除恶性风流

建筑群体组团设计时，应消除造成基地内部的局地疾风的隐患，对建筑防风性能而言，这种室外不良风流可以被称为"恶性风流"，如角落风、尾流风、漏斗风等，这类气流会增加建筑采暖负荷，并给基地内的行人带来坠物之危险。

（7）利用掩土

掩土建筑作为独特的建筑形式，若干年来其冬暖夏凉的室内舒适环境被大家所公认，节能建筑在总平面设计时利用掩土建筑原理，将建筑的北侧基地填高，使建筑底层半埋入土层中，可以有效防止冬季北风，并可利用地热或地冷改善室内小气候条件（图5-4-4）。

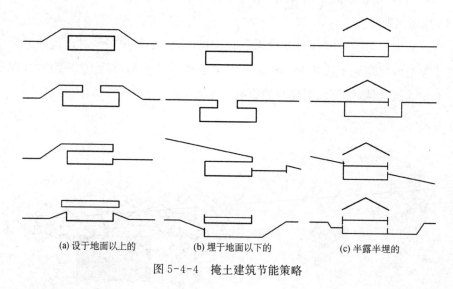

(a) 设于地面以上的   (b) 埋于地面以下的   (c) 半露半埋的

图 5-4-4 掩土建筑节能策略

（8）树叶屏障效应

利用树木的本身特点，通过合理布置，可以改善建筑室外微气候条件。在建筑南侧基地布置落叶树，冬季叶落，不遮挡阳光，而夏季树叶茂盛，可以遮阳。北侧基地植常绿树，以引导风流，起屏障作用。

（9）利用构筑物

挡风墙及挡风树在基地总平面设计中灵活组合，可以调整和改善基地小气候状况（图5-4-5）。

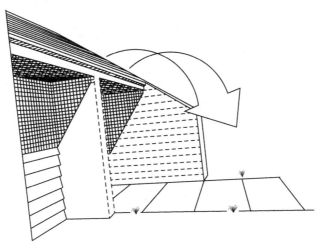

图 5-4-5　挡风墙对檐下空间遮挡

（10）下风向致凉

大面积的水面在蒸发过程中可以带走大量的热量,使周围微气候发生改变。在夏季,尤其是位于水面下风向的基地环境,更能直接受益而致凉。因此,节能建筑在总平面布置时,应尽量使建筑位于湖泊、河流等水面的下风向,或布置于山坡上较低的部位,达到夏季致凉目的。

节能建筑总平面设计涉及内容广泛,要视基地具体条件、气候特征与使用者不同要求而选定设计方法,有些方法之间存在紧密的关联,尤其须注重总平面设计达到夏天致凉、冬季采暖的双重目的,真正改善室内小气候条件。尚有许多设计方法可以发展,建筑师有重要职责去研究,并在设计上具体反映节能思想和意识。

5.4.2　节能建筑单体设计

合理组织、创造有利于节能的室外微环境后,设计的关键阶段是节能建筑单体设计,这涉及广泛的技术领域。节能建筑除了要满足建筑使用功能、形式美观且经济评估合理外,还应充分应用现代科技,综合并协调大量的技术措施,以降低建筑对能源的需求,并注重人体的热舒适要求,克服过热或过冷的环境,解决温度的骤变及影响空气品质等问题,提供一个既满足一般建筑学概念,同时具有科技含量、符合可持续发展理念的节能建筑。

建筑师在这个设计阶段担当重要角色。节能建筑中大量的技术措施与方法表现出为单一科技"信息"或"元件",设计的重点是如何将众多的"信息"和"元件"与建筑本身结合。节能建筑不是初步应用现有产品,安装于建筑物之中。如果如此,建筑物只能称之为"有节能措施的建筑物"。节能建筑是将满足人体舒适要求的技术措施和设计方法,在建筑设计的每一环节与建筑各个构配件有机组合,将建筑设计为提供良好舒适条件、降低能耗、减少污染、提供可持续发展系统的节能建筑,并提供经济评价和效益保证。

为了明确节能建筑单体的设计方法,我们将分别研究建筑满足冬季采暖、夏季致凉、降温措施等方面的设计规律和原理,来指导节能建筑的设计。

5.4.2.1 满足冬季采暖的节能设计

在严寒的冬季,建筑向自然索取热量时,最有效、最直接、最廉价的源泉是阳光。建筑的起源和发展无不与尊重阳光、利用阳光紧密相连。节能建筑的冬季采暖措施首先利用阳光提供的热能,应用技术手段和设计方法将阳光热能引纳入室,并通过构造措施保留、贮存这些热能,改善室内热环境。

(1)采集

太阳给地球带来取之不竭的能量,人们要利用阳光所提供的能量却需要花费高昂的代价,并只能利用其中的极少部分。节能建筑研究的是如何提高阳光利用效率的方法,其中,运用相应的技术措施和设计方法,尽量多地采集阳光提供的能量进入建筑室内是最有效的方法。

"采集"是建筑节能的保证,可以通过以下方法实现。

南向敞开:建筑的南向(向阳面)应有足够的开敞程度,没有过多遮挡,有一定的开阔地带,没有造成影响日照的因素。

加大日照面积:尽量增加南向面积,缩小东、西和北的立面面积,可以争取较多的采热量,同时可使流失的能量最小。在平面组合中,要注意运用本原则,尤其对于复杂平面,更应考虑争取增加采热量。

墙面平直:为了减少外墙长度,要求建筑避免不必要的凹凸,节能建筑因采集热量目的,尤其注重建筑南侧墙面要平直,避免建筑自身阴影对建筑采热带来影响。

建筑朝向正确:建筑向阳布局是采热的基础,应使尽量多的室内空间有好的朝向,保证向阳墙体和窗发挥采集热量的功能作用。

无源太阳能建筑集热方式:半个多世纪以来,无源太阳能建筑(被动式太阳能建筑)在建筑实践中积累了丰富经验,重视与建筑充分结合,发掘建筑本身的技术因素达到建筑节能,在建筑采热方面,有特伦布墙、附加日光间等措施。

外墙吸热性能:建筑外墙的材料、外墙位置的合理选择可以使建筑外墙成为能量采集的构件,建筑师应调整好墙体构造设计,使采集到的热量能持久、均匀地提供给室内,这要求探讨受日照的外墙其遮挡情况、材料、厚度的选择及构造设计问题。

调整窗面积:窗是能量采集的主要途径,又是热量散失的重要因素。因此应正确协调好窗面积,根据不同的使用情况和不同的立面需要,调整窗面积,尽量加大南向窗体面积,缩小热流失严重的北窗等。

外墙面色彩与质地:墙体色彩深暗、表面质地粗糙时对吸纳热量更有利。

加强间接日照:阳光所提供的热量主要是直接透过窗进入室内,但也可以间接地通过室外地面、构筑物反射进入室内。节能建筑应有效组织阳光进入室内的途径,尽量多地加强阳光反射,以吸纳更多的能量,间接日照主要有硬地反射、挡板反射、水面反射等(图5-4-6)。

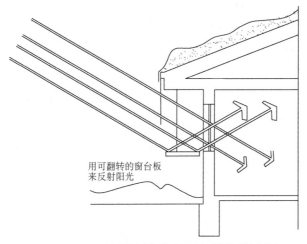

利用可翻转的窗台板把冬季的阳光更多地反射到室内

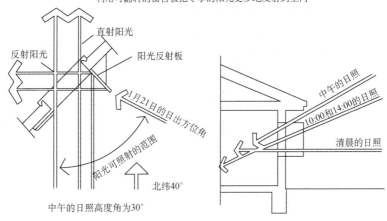

西南(东南)向的房间往往可利用竖向阳光反射板把阳光反射到室内

图5-4-6　加强间接日照措施

设计合理的天窗:玻璃天窗是阳光入室的有效途径,处理不当也会成为夏季阳光辐射的"灾难源"。因此应确定有利于冬季射入阳光的天窗位置,如在台阶式建筑之间设置向阳的天窗,并组织好天窗室内的日照调节及遮阳问题,以克服天窗在夏季带来的过热问题。

上述阳光采集方法利用了建筑设计本身的规律,不会花费高昂的代价,但对建筑节能却很有效。

(2)保存

阳光所提供的能量被一定措施引入建筑内部后,会很快流失,如果不采取一定的技术手段减缓其流失,保存能量,通过花费一定造价、十分艰难引入(采集)的能量将无法改善室内环境的舒适度。保存的概念主要基于以下几个方面考虑。

延长流失时间:能量失去是必然的,关键在于尽量延缓其流失速度。

保持条件稳定：室内条件应尽量避免产生短时间内的骤变，舒适环境要求温度在一定时段内保持相对稳定，或呈渐变。

多次反复利用：在能量流失过程中，应采取措施改变能量传递方式或流失途径，使能量不直接流向室外，而是经过反复应用，从高温空间到低温空间，物尽其用后，流失于大气之中。

提高能量质量：能量质量反映在能量对人体传导过程中表现的舒适程度，能量被墙体吸收，然后通过辐射传入室内，并最终传递到人体表面。为提高能量质量，应使吸热墙体有足够面积，各墙体温度分布宜均匀，不能使室内的几片墙体存在明显温差，造成热辐射不均匀，以至影响能量质量。

为了在建筑设计中达到能量保存的目的，建筑师需在平面调整、构配件设计等多方面具有节能意识，才能有效贯彻能量保存的需要。

具体涉及方法有以下几种。

① 温度分区法

温度分区的概念：建筑物内的空间按其功能不同，对温度的要求也不一样，主要空间的温度要求较高，可以布置于采集太阳热能较多的位置以保证室温；而温度要求不高的辅助房间可以放在西北侧，一方面可以利用主要房间的热量流失途径达到加温，同时可作为主要房间热量散失的"屏障"，利用房间空间形成双壁系统，以保证主要房间的室内热稳定。即利用空间温度的不同需要，通过平面区域的温度划分，将相同温度要求的空间组合在一起，并利用室内空间本身作为能量保存的措施，使热能物尽其用。

温度分区的意义：建筑室内利用温度分区，可以改善室内舒适条件，通过将采集到的有限热量进行合理组织与分配，更符合建筑的使用要求，避免造成不必要的能源浪费，具有建筑节能的现实意义；同时通过温度分区改变了能量流失的途径，对能量起一定的保护作用，使室内环境条件保持稳定。

温度分区的方式主要有（图5-4-7）：

Ⅰ 围合法

Ⅱ 半封闭法

Ⅲ "三明治"法

Ⅳ 立体划分法①

② 体型控制：建筑体型控制就是限制建筑外墙总长度，在有限的体积范围内尽量减少围合该体积的表面积。外墙长度越小，室内采集到的热量的流失途径越小，越能起到有效保存能量的作用。体型控制是一个复杂的综合方式，涉及众多问题，体型控制是影响能量保存的重要因素。

③ 散热体的几何中心：采集太阳能的方式是多样的，采集位置往往都处于外墙部位，

---

① 改绘自德国对流公寓的分析图。建筑师利用暖空气上升，冷空气下降的原理，营造了和空间功能结合的室内环境。http://www.philipperahm.com/data/projects/convectiveapartments/index.html.

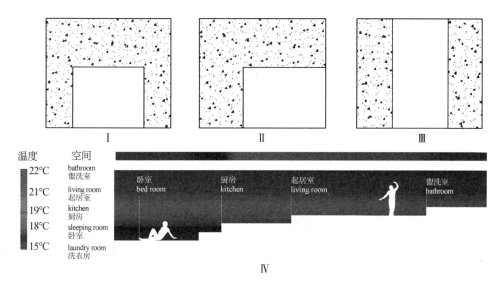

图 5-4-7　温度分区的四种方式示意图

而这种部位对热量的保存不利,表现为夜间热量的反向辐射,减少了对室内的热作用。为了避免这一问题,我们主张采集热量的部位应处于建筑平面的中心部位,以利散热的均匀和稳定,并起到良好的保存作用。然而受建筑功能和造型制约,往往无法满足几何中心要求,那么我们可以将一些备用采暖设备、发热体布置于平面的中心位置,将会起较大的节能作用。

④ 余热利用:室内必须满足舒适的温度条件,同时应满足室内空气品质要求,即室内空间需适度与室外新鲜空气的交换过程(换气)平衡,如果不加考虑地引入室外低温空气,而将室内热空气排离,在利用能源方面将造成很大的浪费。我们可以采取余热利用方式,达到换气目的,减少能量损失,如双向对流吸热法(图 5-4-8);同时,诸如厨房余热、电器热、人体散热都是可以通过技术方式加以利用的能量。

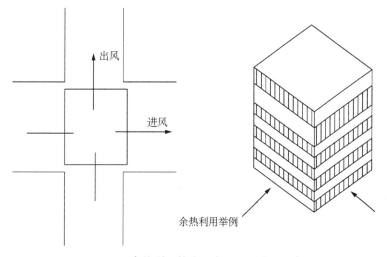

图 5-4-8　余热利用策略双向对流吸热法示意图

⑤ 窗的控制：窗是热渗透的主要途径，其热量损失是墙体的三倍以上，要使得到的热量持久地保存于室内，必须有效控制窗的面积、位置和构造。

窗面积：要协调好采光、吸纳热量与热流失三者的关系，针对不同立面的热损情况，合理进行窗的设计，尽量减少没有吸纳热量作用的窗，以削弱能量的损失。

窗位置：室内竖向温度分层由下至上温度逐渐提高，高度越高，室温越大，以窗为界线，其室内外温差就越大，热量流失越剧烈。所以，以热量保存为目的的窗，宜设低窗，满足人的视线高度即可，尽量避免外墙上的高窗。

窗构造：窗的热量流失大部分是由于缝隙漏气、玻璃选材不当造成的，应处理好窗的密闭性问题，同时在造价许可情况下，选择保温玻璃或双层隔热玻璃，以提高窗本身的热工性能。

⑥ 围护结构保温构造：热传导主要通过建筑围护结构进行，为了维持室内温度稳定，必须对围护结构设置保温措施。

墙体保温：通过设置保温材料增加墙体的热阻，达到保温目的。

屋面保温：常在屋面防水层下设置保温层，来改善屋面热工性能。

窗的保温：窗的特点是可开启，窗的保温构造常做成活动保温板，手动控制来交替进行窗的保温与吸热。

利用热过渡空间：建筑的开口部位是热量流失最严重的地方，如建筑的外门，应增设门斗或门廊，形成热过渡空间，使不至于因为门的频繁开启而大量流失热量。

楼梯间保温：住宅往往采用开敞式楼梯间，以节约造价，但这使住宅室内的大量热量从楼梯间流失，造成能源浪费。因此从节能与人体舒适度要求出发，以冬季采暖与保存热量为目标，楼梯间同样需要封闭，并设置相应的保温措施。

（3）贮存

节能建筑设计的难点和关键点是如何将白天日照丰富时"过剩"的热量贮存在相应的"物体"之中，待夜间室外气温下降，室内无补充热源时，通过辐射释放贮存起来的热量。用于贮存的"物体"必须有高热容，周边设极佳的保温层，需要时又能顺利散热，可以是具体的物体，也可为建筑物中的某组成部分，或建筑本身。可利用高新科技，也可用最常规的手法达到相同的目的。

① 室内蓄热。利用建筑室内构配件进行热量贮存，通过合理选用高热容材料，正确设定其相应位置以达到蓄热的目的。

常用材料：

砖——价廉，性能较好（表面粗糙，涂成深色，一砖半厚）；

砼——质重，蓄热良好（表面毛糙，涂成深色，300厚）；

水——技术复杂，性能较好（做成水槽或水柱）；

金属——价高，散热较快，稳定性差。

忽略了夏季通风问题,将会使节能建筑失去价值,因此应有合理的洞口面积比例,达到通风的最好状况。

③ 穿堂风:讨论通风效果问题常用"穿堂风"概念来评价,穿堂风是指风流通过整个室内空间的能力,这牵涉到洞口面积比例,更要考虑洞口的相对位置,保证室外凉爽气流进入洞口后能覆盖室内平面,并在人体高度范围内通过,再由下风侧洞口排出。

④ 吸风口位置:以人体舒适条件论,吸风口位置应越低越好,因为室外凉爽气流进入室内(温度较高),其气流会呈上升趋势,如果吸风口位置较高,气流又向上腾起离开室内,人体无法受益,降低了通风效果,故以夏季通风改凉为目标,窗宜设低窗,阳台门窗应做落地门窗,阳台栏板应为漏空栅栏,在某一细小环节上任何不合理之处,均会影响通风效果。

目前很多建筑借助空调设备,我们不反对用空调提高室内环境舒适度,但以节能意义而言,我们主张通过节能建筑设计方法来改善夏季致凉条件,减少消耗常规能源,多利用自然气候条件提供的"力量",改善夏季室内热环境。

夏季致凉的节能设计应重点考虑以下几个方面:

(1) 烟囱效应:如果以室内自然换气方式来讨论通风效果,以普通室内外窗的换气简图(图5-4-9)所示。可以看出中性带在窗的中心轴上,当设置拔风井后,其换气如图所示,中性带上升,窗全部变成流入口,通风效果有类似的情况。只要增加吸风口,可以大大改善室内通风效果;从流体力学可以得到,空气向上流动速度与拔风井高度差成正比,拔风井起加速抽风的作用,二者共同作用将对通风起关键作用。

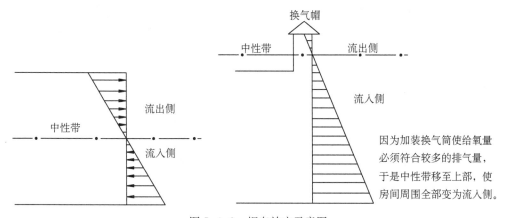

图 5-4-9　烟囱效应示意图

(2) 夜间辐射:室内气温受白天太阳辐射影响升幅较大,到夜间室外气温下降后,室内温度将大于室外温度。按辐射传热原理,室内向室外有热辐射过程,尤其作为已降温后的天空,可大大地增加室内向外的辐射量。夜间天空辐射对夜间室内降温有较大作用,为了在夜间达到向天空辐射降温的目的,应尽量减少建筑外墙洞口与室外空间的遮挡,尤其是天空的阻挡,在遮阳设计中应探讨遮阳与夜间辐射之间的矛盾。

（3）遮阳：遮阳是为达到白天少得热目标的有效措施，除受太阳辐射影响最严重的洞口设遮阳之外，在实墙面位置也可以设置一定的遮阳设施，以减少照射到墙体太阳辐射，降低吸热量，达到降温目的。

（4）墙体色彩与质地：外墙表面宜选用光洁、色彩淡雅的表面材料，以利反射太阳辐射，尽量减少墙体吸热量。

（5）隔热构造：建筑受太阳辐射影响严重的部分应设隔热构造，如屋面做架空隔热层，墙面设隔热保温层等将有效地阻止室外气温对室内的影响，设置隔热构造是建筑夏季致凉的有效方法。

（6）绿化降温：建筑绿化可以蒸发散热并起遮阳作用，建筑外墙表面或周围空间广植绿化将能达到降温目的。

（7）水面利用：大面积水体并加设喷泉使环境温度受水雾蒸发影响而降温，并利用通风将低温空气引入室内将有效改善室内环境。

（8）喷淋屋面：屋面淋水可以通过蒸发降温，效果好，造价高，构造复杂。

（9）蓄水屋面：蓄水屋面可以成为冬暖夏凉的温度"调节器"，蓄水屋面通过上部所设的可控保温隔热板对冬夏两季的合理控制，可以起夏季降温，冬季采暖的作用，效果甚好，但防水构造比较复杂。蓄水屋面降温采暖如图 5-4-10 所示。

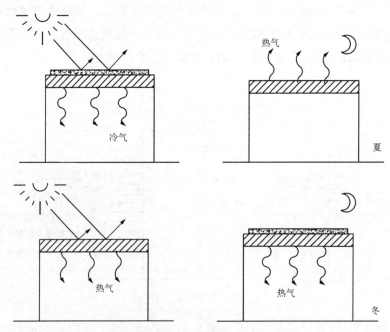

图 5-4-10　蓄水屋面的调节器作用

5.4.2.3　日照调节：建筑遮阳和气候控制

在建筑设计中考虑日光调节(Sun Control)是柯布西耶最早提出的。1922 年后的近 1/4 世纪由他提出的"百叶遮阳系统"风靡一时，建筑中的"排除太阳热量"方案成为设计

也是建筑和外部空间接触的界面及表现出的可见形象和构成方式。建筑表皮设计不仅要符合审美的观点还必须兼顾舒适与节能的考量,建筑师在把握好视觉审美的同时还需要将节能措施与具体的表现方式结合。为了增加室内环境舒适度的同时尽量减少能耗,建筑的表皮设计往往还应具有一定程度的可变性,通过一些调节手段对影响舒适度和节能的相关因素进行调节或生态利用,形成有效的调节手段。

5.6.1　基本概念

在建筑表皮的概念刚引入国内的初期,众多学者对"表皮"这一关键词对应的 skin 或 surface 做过专门研究,skin 直译为皮肤,倾向于此译法的学者将建筑和生物学进行类比,而 surface 则从字面上译为表面,有更广泛的涵盖。从建筑学的发展来看,skin 虽然看似准确描述了建筑作为物质实体和生物体的一般相似特征,但 skin 作为一个纯粹生物学的名词难免有强行嫁接所带来的狭义,而 surface 却更一目了然,sur-(表)更多强调了方位的含义,这为我们探讨表皮问题拓展了更多的边界,也纳入了更多创造的可能。从另外一个更为形象的角度解读,skin 定位的是"皮",而 surface 则更接近于"衣","衣"不但可以准确反映了 sur- 的方位特征,也为表皮有关功能与装饰、材料与结构、媒体与信息、表意与叙事等一系列问题提供了更生动而准确的物质对照框架。诚如竹林七贤之一的刘伶裸体于自宅中将屋室(表皮)当作衣服,而将天地当作房屋,这种夸张了尺度的类比虽然看似不直接涉及建筑学的问题,但将肉身(生物学类比的建筑)和外部的自然和社会环境之间的"衣"进行了放大,从而也更清晰地看到三者之间的联系。

5.6.2　发展与演变

建筑表皮的概念最早产生在 19 世纪中叶,由德国建筑师森佩尔(Gottfried Semper)提出,他在 1851 年出版的《建筑四要素》中,将原始的建筑雏形分为火炉、屋顶、围合物和基础四个部分,森佩尔的这种理论上的定义清晰地区分了结构与围护两种对建筑的创造意义不同的系统(图 5-6-1)。在这一时期,建筑是纯功能性的物质本体。弗莱彻(Banister Fletcher)将建筑的最初形态分为洞穴、茅屋、帐篷,远古人类用各种自然材料组成的"覆盖层"或是用"原始的编织物"围合的墙壁虽然并无装饰意图,但通过覆盖和围合保护了人的肉身,也提供了心灵的庇护。当物质的基本要求得到满足时,原始人会借助编织、彩绘和雕刻等手段进行房屋的装饰,表皮也开始和审美及表意的精神需求结合起来。在社会发展过程中,随着生产力的进步,不同时代的建筑呈现出不同的特征,我们可以将这种动态的、持续不断的建筑表皮演变过程分为以下几个阶段。

(1) 前工业时代建筑的表皮

这一时期的建筑活动受制于生产力发展水平,建筑表皮作为建筑围护结构往往由手工艺者直接建造。在选材上因地制宜,就地取材,以简单加工后的自然材料为主。由普通民居发展而来的各地方建筑,表皮的保温、通风性能与当地的气候条件息息相关,这一时期的建筑表皮也由于直接反映了当地的气候特点而颇具风土特色。部分公共建筑在满足基本的庇护需求之后，通过推敲立面的尺度与比例，实现其美学和精神等文化追求。这一时期，表皮完全依附于建筑的结构实体而存在，无法脱离承重结构，不能作为独立的建筑语言，与结构相比处于从属地位。

（2）工业化时代建筑的表皮

19世纪，工业革命的到来为建筑业带来的新的材料、新的技术以及新的思想，随着钢铁、混凝土、玻璃，以及之后的各种人工合成材料的诞生或普及，新的建筑表皮形式出现了。这时期的建筑表皮充分体现了当时的时代精神，传统建筑外部的符号化装饰被简洁化、标准化、预制化的工业构件所取代。结构技术的不断进步也使得建筑表皮从作为承重墙体的职能中得以解放，为建筑师留下了更大的创作空间。但是，随着空调等

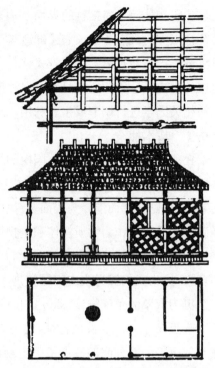

图 5-6-1　森佩尔提出的加勒比棚屋模型

设备的推广，将室内与室外隔离的密闭式建筑表皮在20世纪40年代以后越发流行，这种追求内部效率最大化的设计理念因其在建筑全生命周期造成了更大的能源浪费，因而逐渐广受诟病。

（3）当代建筑的表皮

伴随着生产力进一步发展，当代建筑表皮发展呈现多元化的特征，表皮材料更加多样，表皮形态更加自由。在20世纪70年代的两次石油危机之后，人们的能源危机意识提高，建筑表皮作为建筑和外部空间直接接触的界面，承担着能量流动、调节温度、自然采光、自然通风等一系列功能，是实现建筑节能设计的关键点。人们意识到通过采取适当的措施，挖掘建筑表皮的节能潜力可以有效地降低建筑对空调、采暖等设备的依赖，从而达到改善室内舒适度，并节约能源的目的。

5.6.3　表皮设计技术与原理

建筑表皮作为建筑内部与外部的交界部位，成为物质循环和能量转换的关键界面，这要求建筑表皮不仅要满足一定的视觉观赏要求，更要与建筑所在地区的气候条件相适应，进而以最小能耗来满足使用时的舒适性要求。这种建筑表皮的节能设计思想也会反作用于建筑外观，形成符合气候特征的建筑形象与整体风貌。

（1）双层表皮

双层表皮作为一种环境调控手段，最早可以追溯到早期的箱窗。现代意义上的双

层表皮也是随着建筑发展,尤其是高层建筑对自然通风以及隔绝噪声的需求而出现的。

双层表皮的优点很明显,一方面在外部道路或外置机器噪声较大、建筑高度较高风力较大等情况下可以通过开启内层表皮实现通风需求,也可以将遮阳、百叶设置在两层表皮之间,避免天气和高空风环境的负面影响;另一方面,结合地域气候特征正确设计的双层表皮可以在冬季减少建筑立面热损失,降低冬季空调设备的运行压力。

但双层表皮的优势并不是万能的,在当下的建筑实践中,对于欧美国家玻璃幕墙建筑的盲目推崇,导致一些双层表皮的建筑案例不但没有实现节能环保、提高使用者舒适度的初衷,反而造成了大量的能源浪费,并推升了建造成本。尤其是双层表皮中没有分隔的一类做法,虽然造价相对较低、维护相对较少,但由于双层表皮之间的腔体是一个连通的整体,会带来外内层之间、房间之间的噪声影响问题,在高层建筑中这类做法还会增大消防扑救的难度,很多建筑的双层表皮内部腔体的自然通风效果无法满足使用需求,需要额外加装机械辅助通风设备。

（2）绝热与保温

建筑表皮的绝热与保温性能在围护结构体系的节能设计中具有举足轻重的地位,这一点在北方严寒与寒冷地区的冬季尤其突出。常见的绝热与保温措施除了双层表皮,还有双层玻璃和外墙保温设计。建筑师可以通过可变遮阳在调节直射光的同时,将多余的热量储存起来,以供其他时候使用。也可以通过遮阳、防眩光、保温隔热的相关措施,减少表皮的热能损失。有学者将北方这种注重气密性和保温性的建筑传统称为"保温文化""外墙文化"。

（3）表皮材料

运用生态环保的材料对于更好地实现建筑表皮的节能设计至关重要。对建筑师而言,在表皮的设计中选用节能环保的生态材料是体现其生态设计、降低建筑能耗和减少建筑对环境影响的重要手段之一。常见的表皮生态材料可以分为:高性能的玻璃制品、生态健康的表面涂料、直接就地取材的自然材料以及新型复合墙体等。通过特殊工艺加工的玻璃制品具有保温、隔热、隔音和自洁等功能,在气候较为寒冷的地区,有利于在满足通风采光需求的同时维持室内空间的舒适性。新型涂料不仅能避免一般涂料散发的有害气体,往往还具有自洁、抗菌、过滤太阳辐射、绝热等功能。近年来重新受到重视的生土、竹木等自然材料天然地具有亲近自然、生态环保的特点,在更新改进后又焕发出新的光彩。利用废弃物加工制造的新型混凝土材料具有强度高、可重复利用、吸声等功能,可以改善此类建材的环境协调性。而纸筒等非传统材料也具有非常大的应用潜力(图 5-6-2)。

图 5-6-2　非传统材料的实际案例示意(© Hiroyuki Hirai)

（4）屋顶节能

屋顶作为建筑顶部的主要受光、受热部位,在建筑表皮节能设计中不容忽视。除常见的使用保温隔热性能较好的材料或增设保温防水层外,屋顶节能的主要形式还有架空屋面和种植屋面。在太阳能资源充沛的地区,可以根据建筑功能与外形设置与建筑一体化的太阳能装置。

架空屋面不仅可以做到夏季隔热,还可以兼顾冬季保温,不仅能有效改善室内环境,同时能保护屋面结构,还增加了塑造建筑外部形象的更多可能性。

种植屋面是利用植物的光合作用、蒸腾作用以及对太阳辐射的遮挡来减少太阳辐射对屋面的影响,从而降低屋面内外表面温度,同时也使得建筑外立面更亲近自然、富有生趣。随着屋面承载力的提升和蓄排水等工艺的进步,兼顾观赏价值与生态效益的种植屋面将会越来越常见。

5.7　住区环境生态修复

快速的城镇化给我国城市带来了很多问题,其中量大面广的老旧住区环境问题就是其中之一。在高密度都市中,居住空间相对狭小、逼仄,外部环境的空间品质显得极其重要。相对于室内空间,老旧住区的外部环境对居民生活品质的影响时间更长久、作用程度更强烈、改善成效更显著,外部环境的改善对于城市空间品质提升具有直接的促进作用。其中,外部环境的生态性能是体现住区环境质量的重要方面,受限于规划理念、建设标准及自然老化损耗等因素,老旧住区环境存在生态受损和退化现象,难以满足健康舒适生活需要,生态修复需求迫切。

5.7.1　住区环境生态修复概念

住区介于建筑与城市之间,是城市生态的基本单元之一,对于居住环境的改善、建筑能耗的降低及城市的可持续发展起到关键的作用。目前,我国的住区环境评价体系主要有 2011 年改版发布的《中国绿色低碳住区技术评估手册》和 2018 年更新的《绿色住区标准》。《绿色住区标准》中对"住区"含义表述为:泛指城镇中不同人口规模、以居住为主要功能的生活聚集地。而"绿色住区"定义为：是以可持续发展为原则，以推进城镇人居环境建设的绿色协调发展为方针，通过建设模式创新和技术与管理创新，在规划设计、生产施工、运维管理等全生命期内，降低能源和资源消耗、减少污染，建设与自然和谐共生的、健康宜居的居住生活环境，实现经济效益、社会效益和环境效益相统一的住区，或称可持续住区。

"生态修复"原指通过现代科技的人工手段，按照自然客观规律，恢复天然的生态系统，修正受损或退化的环境因素，以满足环境的可持续发展，因此生态修复理念主要关注对象是自然环境及其生态。最早提出生态修复理论是在土壤生态修复工程技术、湖泊水体生态修复工程技术和水土保持与自然保护区生态修复工程技术等领域。城镇生态学家雅尼茨基（O. Yanitsky）将生态理念引入城镇空间中，提出了"生态城镇"的概念，强调要建立社会、经济和环境协调发展，物质、能量和信息高效利用，生态要素良性循环的人类生态住区。经过多年的发展，美国、德国、日本、加拿大、挪威、瑞典等发达国家制定了协调一致的环保生态技术体系，以传统末端治理为特征的环保产业转向以自然生态修复为特征的真正意义上的生态环境产业。国内学者也提出了修复生态环境的适宜性，确立生态法则对城镇发展理念、经济活动范式、科技进步取向和人与自然关系准则来定位城镇可持续发展的能力。

5.7.2　住区生态问题

住区生态问题是指直接或间接长期影响住区日常品质、空间使用效率、居民行为模式、居民身心健康和微环境循环等的现象、事件和活动。老旧住区生态问题主要存在于绿化环境、水体环境、物理环境和道路交通等空间环境问题，能源与资源的浪费与利用问题等。

（1）环境质量亟待提升

当住区人口超过了住区系统的承载能力，住区便有生态失衡的威胁，具体可以总结如下。

绿化环境：老旧住区绿化环境存在绿地连接性差、绿化覆盖率低、绿化空间品质有待提高、植被群落缺乏物种多样性等问题，绿地系统缺乏完整性的功能。

水体环境：由于生态循环的意识不够强，可渗透铺装占比小、雨水收集利用率低，植物浇灌造成水资源的浪费，老旧住区中较少设置水景。

物理环境：老旧住区噪声干扰较大，日间视线受阻且夜间照明辐射不均，硬质地面占比高，遮阳率低，住区整体风速普遍不高。

道路交通：老旧住区在建设之初，规划设计并未将车行作为主要交通方式，且未提前合理设置相应的机动车和非机动车停车空间，从而造成交通流线复杂混乱、路面停车拥挤等问题。另外，无障碍体系欠缺，影响特殊人群（如老年人）日常出行。

空间环境：老旧住区中公共空间的规划设计已经不能满足要求，加上用地条件的局限性,导致公共空间等级划分不明确,公共空间使用混乱、共有私有兼用等特征。与新建住区相比,空间形式单一,并存在健身活动场地不足、动物栖息场所缺失、公共空间可达性低且活力不足和边角空间利用率低等问题。

（2）建筑能耗居高不下

老旧住区的建筑质量较差,尤其是外围护结构中的门窗密闭性和墙体保温隔热性能较差。这些问题直接导致了在寒冷和炎热的气候环境中,空调需要更多的制冷和制热来平衡围护结构带来的热损失,使得建筑能耗上升。此外,室外环境质量与建筑能耗之间存在相互影响,在聚集度较高的城市住区表现尤为明显,突出表现是住区空调的使用率较高,空调外机向室外排放大量的热量和冷量,导致住区环境局部恶化,也影响了住区的人们日常活动,反过来人们会更愿意待在室内,从而产生更多的能耗。长此以往,住区生态不断受损与退化,造成了相当大的环境和节能压力。

（3）资源处置尚需改善

住区易产生大量废弃物,主要指生活垃圾及其他固体垃圾。由于废弃物收集、回用的技术应用不到位和环保意识薄弱,多数住区的废弃物处理停留在简单回收机械处理阶段。此外,住区垃圾数量伴随生活质量的改善而日益增加,原先的垃圾处理设施不敷使用,且在垃圾运输、处理过程中产生异味,导致空气污染,对住区生态的负面影响日益凸显。

水资源的不当使用与浪费也是老旧住区的常见问题,一方面是水资源利用的相关基础设施老化,导致在系统在运行过程中出现渗漏、破损等问题,另一方面是居民家中的用水器具大多是已淘汰的产品,相比节水器材造成的水资源浪费更多。

5.7.3 住区生态修复原则

住区生态修复是个复杂的系统工程,需要坚持一定的原则开展相关工作。

（1）生态优先原则

住区环境修复以优先服从生态为原则,关注生态资源及其生态过程的保护、优先考虑自然系统的活力,如自然通风、土壤活性和渗透、生物多样性等自然生态过程的延续,重新整合住区环境的生物气候要素,如阳光、地形、山、风、土壤、植被等,使其功能要求、可持续性最大限度地与自然生态过程相协调。

（2）集成最优原则

生态修复是对住区的各环境要素的重新整合与集成,使资源循环、能量利用处于最佳循环和利用的组合状态,不是单纯追求某项先进技术的应用。因此,住区环境的生态修复必须充分认识住区微气候与住区生态要素的关联,遵循居民活动、人工环境、自然环境等系统之间的组合规律。

（3）地域差异原则

由于生态系统自然承载力存在差异,处于不同地域、不同气候区的城市住区对生态修复的策略及其组合、技术集成要求和可修复的程度也不同。住区系统与居民的生活方式、社会氛围和文化形态等紧密相关,因此城市住区的生态修复应充分适应地域自然形态和社会习俗的差异。

（4）适当干预原则

城市住区生态修复的对象主要为既有住区,具体内容包括众多基本因素。但住区的规划布局、建筑实体的朝向、道路系统等都已经确定,修复活动不可避免会受到各种既有条件的制约。因此,在恢复住区的各种生态性时,应充分考虑公共利益和居民自身利益的平衡,生态修复中应用的各项技术应紧密结合居民日常生活,面向居民的住区生态修复活动应对原有生态系统和居民原有生活进行适当的、有限度的干预。

5.7.4　研究方法

（1）问卷调查

在老旧住区外部环境生态性能评价过程中,仅对生态指标定量分析研究,难以完全体现居民的主观体验,可以通过问卷调查及访谈的方法,来获取居民对定性生态指标的评价。

（2）现场实测

对于住区外部物理环境的分析,可以采用便携式测量仪对调研住区的环境质量参数进行实地定点测量,以获取住区的物理环境数据。物理环境主要关注最基本的声、光、热及环境,采用相关仪器测量温度、相对湿度、气流速度、噪声情况等环境质量参数。

（3）软件模拟

住区环境的分析还可以通过软件模拟的方式辅助分析特定条件下的环境状况。通过实地调查,确定老旧住区平面以及建筑高度,通过软件建立 3D 模型,进行住区室外风环境、热环境、光环境等各方面的模拟。

5.7.5　生态修复策略

住区生态修复主要是通过整合住区空间,优化重置建筑节能技术方法,实现资源无污染转换、营造与自然生态保持平衡的住区生态环境等目标。具体地说,住区生态修复主要包括提升环境生态品质、减少建筑能耗、优化能源系统和资源再利用等策略。

5.7.5.1　环境提升策略

（1）绿化整合

绿化在住区环境中占有极其重要的位置。绿化在生态系统中具有天然的优势来调节局部温度、湿度等微气候条件,比如创造庇荫空间,吸收 CO_2,释放 O_2,为住区提供新鲜空气,提高空气质量,减少交通噪声,为建筑遮挡过多的阳光等。此外,绿化整合应强化绿化的连续性、系统性和层级性。

对于住区内的建筑,可以采用立面绿化和屋顶绿化相结合的形式。外墙立体绿化不仅丰富建筑立面景观图,而且能减少住宅外围护结构得失热,改善建筑室内热环境,降低设备能耗。屋顶绿化常见于平屋顶,不仅有助于改善"第五立面"的景观,而且能调节整个住区的局部气候,对住宅顶层的室内热环境改善程度较明显,对日益严重的城市热岛效应有一定的缓解作用。植物和土壤中水分的蒸发增加了空气湿度,降低空气降温,同时有助于减少住区空气灰尘的沉淀,只要能很好地解决绿化屋顶排水问题和建筑荷载问题,绿化屋顶值得大规模推广应用。

(2)水体循环

住区系统的水体修复代价较大,但影响深远,而且具有多重效应。住区级的水体应能形成良好的循环和一定的自净能力。此外,在水里种植植物有助于降低现代生活生产中由甲醛、不纯苯、苯酚和尼古丁等造成的空气污染,对周边环境有良好的调节作用。

(3)渗透性基面

基面指的是道路、广场、停车场和绿地等上空没有遮盖物的公共用地。但许多住区基面做法还缺少生态循环的意识,如使用较多的水泥地面,导致渗透性差、比热较小、夏季升温较快、热反射较强等缺点,几乎隔断了基面上下界面的自然联系,极不利于住区生态循环。而常用的渗透性基面则能极大地改善这些情况,形式包括自然土壤、植被、透水性路面及停车场地等,其中土壤和植被能吸收一些特定的污染物,绿化植被能提供动植物保护区以及保持生物多样性。

(4)局部场地重塑

通过局部地形重塑可以重新营造景观和改善生态。如用土堆坡,密集种植高大乔木,用于隔离外部噪声,坡面既可作为居民游玩休闲的场所,也可利用缓坡将地表水汇集到排水深沟、长满草的明沟或者种有植物的小水池,这些措施都能有效改善住区的生态环境。在既有住区中,小广场和住区小绿地是居民日常活动较多的场所,出于居民的需求和环境的改善,这些场所的形态重塑具有生态和生活的双重意义。

5.7.5.2 建筑节能策略

建筑需综合应用各种适合气候和地域的节能技术,如外围护结构保温、太阳能利用等,以改善建筑自身性能,降低建筑能耗,促进生态环境优化。

比如上海处于夏热冬冷地区,全年相对湿度较高,因此住区建筑既要满足夏季隔热降温的要求,又要兼顾冬季保温的需要。建筑外围护结构主要分为墙体、门窗和屋顶三种形式。既有住区外墙热工性能较差,大约40%的空调损耗途径为建筑外围护材料,可采取加外保温层做法,加强外墙保温隔热性能。此外,众多老旧住区的建筑门窗为单层白玻璃、铝合金窗框甚至铁窗或者木窗,这些门窗隔热保温性能均不佳,是冷热损失主要途径,可以通过加强门窗密封性和保温隔热性能来改善。

5.7.5.3 能源优化策略

大体来说,能源利用的优化有两点——"节流"和"开源",即节约使用传统能源和利用再生能源。

（1）提高既有能源利用效率

对于供暖地区而言,提高能源利用效率除了意味着提高产热效率、改进供暖管网减少输送能耗,更为重要的是建立合理的分配系统和计量系统,使每家每户根据实际需求调节使用能源,减少能源浪费。另外,还应推广使用节能设备,降低日常生活中高频率使用设备的用能。

（2）增加可再生能源使用力度

随着相关技术的发展,太阳能和风能等可再生能源在住区中的大规模使用已经得到技术和政策层面的支持。太阳能光热技术可为住区居民提供热水能源,在住区层面较为可行的途径是对住区热水供应系统实施集中改造,然后根据热量使用情况分户计量。此外,住区中存在局地风速较大的区域,如道路、广场等,可以尝试利用风能发电系统,用于路灯照明、景观用电等,既增加了景观元素,又在一定程度上缓解住区用电对城市电网的压力。还可以将风力发电系统与太阳能光电系统联合起来,白天可用太阳能发电,夜间用风能发电,组成互补系统。住区中可再生能源应采用成熟技术,要求低、维修方便、成本低、可以大规模推行技术的应用,以缩短经济回收期,突出节能实际效果。

5.7.5.4　资源再利用策略

（1）废弃物的回收利用

住区应该对废弃物有一定的处理能力,能在住区级实行废弃物初步分拣,回收再利用,从源头上减少需集中处理的废弃物。国外已有不少成熟的应用技术,如德国西门子公司开发的干馏燃烧废弃物处理工艺,可将废弃物中的各种可再生材料干净地分离出来,再回收利用,处理过程中产生的燃气用于发电,废弃物经干馏燃烧处理后,有害重金属物质仅剩下少量。

（2）水资源高效利用

部分住区给水管往往水压力过大造成浪费,因此需要根据给水系统设计限定配水点的水压对系统采取减压措施。此外还应该对用水设备进行升级,如使用节水龙头、节水型冲洗设备、节水型便器、节水型淋浴等。此外,水资源的高效利用可以考虑废污流及其再利用,家庭内部废水(洗澡、洗衣、洗脸等排放的水)可以经过简单处理用于清洗地板、冲洗厕所。最后是对雨水的收集和利用,目前在一些发达国家已进入标准化、产业化阶段,成为绿色低碳节约型建筑和生态住宅小区建设的重要部分。收集的雨水可供住区绿化浇灌、道路喷洒、景观用水,还可以渗透回灌。

5.7.6　住区生态性能评价指标体系研究

本书主要参照 2011 年改版发布的《中国绿色低碳住区技术评估手册》(以下简称《手册》)及 2014 年颁布的《绿色住区标准》(以下简称《绿标》),筛选老旧住区生态性能指标及标准,形成针对老旧住区的生态评价体系,包含 14 个定量指标和 12 个定性指标(表 5-7-1)。在生态性能评价指标的筛选基础上,对各指标的标准数值进行量化及等级化,形成可操作的评价体系。选定的 26 个生态指标中,部分生态指标可以通过参考前文中提到的标准依据进行量化,这些生态指标的标准数值描述不同。在《澳大利亚生态修复标准》中将各个评价指标标准划分为五个等级来帮助判断受损生态系统的恢复程度,朱小雷提出的用于建成环境评价的李克特评价定量标准也分为五个评价等级,因此,本书借鉴了五个等级的划分方法,对每一等级赋予对应的评价值(表 5-7-2)。

表 5-7-1 老旧住区外部环境生态评价指标及具体描述

评价指标	来源	方式
A1 绿地系统连接性	《绿标》	定性
A2 绿化覆盖率	《手册》	定量
	《绿标》	
A3 植物优良率	《手册》	定量
A4 复层种植群落占比	《手册》	定量
B1 可渗透铺装占比	《手册》	定量
B2 雨水收集利用率	《绿标》	定量
B3 浇灌节水率	《手册》	定量
	《绿标》	
B4 水景水体自净能力	《手册》	定性
C1 隔离降噪程度	《手册》	定性
C2 室外噪声级	《手册》	定量
	《绿标》	
C3 道路照明效果	《手册》	定性
C4 日间采光效果	《手册》	定量
C5 硬质地面及构筑物遮阳率	《手册》	定量
	《绿标》	
C6 铺装及遮盖物材料反射率	《绿标》	定量
C7 冬季建筑物周围行人区风速	《手册》	定量

(续表)

评价指标	来源	方式
D1 无障碍化	《手册》	定性
	《绿标》	
D2 交通流线	《绿标》	定性
D3 停车位规模	《绿标》	定量
E1 健身场地面积	《绿标》	定量
E2 边角空间利用率	《手册》	定性
	《绿标》	
E3 公共空间可达性	《绿标》	定性
E4 动物栖息场所	《绿标》	定性
F1 异味排放	《手册》	定性
	《绿标》	
F2 污染物扩散程度	《手册》	定性
F3 垃圾分类收集率	《手册》	定量
F4 有机垃圾生化处理程度	《手册》	定性
	《绿标》	

表 5-7-2 李克特评价定量标准

评价值 n	评语	定级
$n \leqslant 1.5$	很差	E1
$1.5 < n \leqslant 2.5$	较差	E2
$2.5 < n \leqslant 3.5$	一般	E3
$3.5 < n \leqslant 4.5$	较好	E4
$n > 4.5$	很好	E5

在这评价体系中,定量指标根据《手册》《绿标》中的指标限值作为指标的目标数值,即五等级标准数值,对于定性指标则参照李克特评价定量标准中的定级与评语给予评价,形成具有等级标准划分的老旧住区外部环境生态评价体系(表 5-7-3)。

表 5-7-3　老旧住区外部环境生态性能评价体系等级划分标准

目标层	准则层指标	子准则层指标		等级及赋值				
				1	2	3	4	5
老旧住区外部环境生态性能评价体系	A 绿化环境	A1	绿地系统连接性	很低	较低	一般	较高	很高
		A2	绿化覆盖率(%)	<14	14~28	28~42	42~56	≥56
		A3	植物优良率(%)	<18	18~36	38~54	54~72	≥72
		A4	复层种植群落占比(%)	<4	4~8	8~12	12~16	≥16
	B 水体环境	B1	可渗透铺装占比(%)	<6	6~12	12~18	18~24	≥24
		B2	雨水收集利用率(%)	<18	18~36	38~54	54~72	≥72
		B3	浇灌节水率(%)	<2	2~4	4~6	6~8	≥8
		B4	水景水体自净能力	很低	较低	一般	较高	很高
	C 物理环境	C1	隔离降噪程度	差	不好	一般	较好	很好
		C2	室外噪声级[dB(A)] 白天	>55	48~55	42~48	35~42	≤35
			夜晚	>42	39~42	36~39	33-36	≤33
		C3	道路照明效果	差	不好	一般	较好	很好
		C4	日间采光效果	差	不好	一般	较好	很好
		C5	硬质地面及构筑物遮阳率(%)	<6	6~12	12~18	18~24	≥24
		C6	铺装及遮盖物材料反射率(%)	<0.06	0.06~0.12	0.12~0.18	0.18~0.24	≥0.24
		C7	冬季建筑物周围人行区风速(m/s)	>4.0	3.0~4.0	2.0~3.0	1.0~2.0	≤1.0
	D 道路交通	D1	无障碍化	很低	较低	一般	较高	很高
		D2	交通流线	差	不好	一般	较好	很好
		D3	停车位规模(%) 机动车	<2	2~4	4~6	6~8	≥8
			非机动车	<0.2	0.2~0.4	0.4~0.6	0.6~0.8	≥0.8
	E 空间环境	E1	健身场地面积(m²) 千人面积	0~60	60~120	120~180	180~240	≥240
			儿童人均	<0.2	0.2~0.4	0.4~0.6	0.6~0.8	≥0.8
		E2	动物栖息场所	很低	较低	一般	较高	很高
		E3	公共空间可达性	很低	较低	一般	较高	很高
		E4	边角空间利用率	很少	较少	一般	较高	很高
	F 废弃物排放	F1	异味排放	严重	有一些	一般	基本无	无
		F2	污染物扩散程度	差	不好	一般	较好	很好
		F3	垃圾分类收集率(%)	<18	18~36	38~54	54~72	≥72
		F4	有机垃圾生化处理程度	很低	较低	一般	较高	很高

5.8　高层住宅的节能设计

高层住宅是人类生活都市化、现代科技高速进步和社会发展的必然产物,体现了人类文明及高效率的生产生活方式。然而,就在建筑不断跨越新高度的同时,不顾自然生态环境、缺少节能意识和地方气候特色的设计和建造,成为高层住宅设计的缺陷。在全球日益对住区可持续问题重视的今天,片面强调绿化率的城市高层住宅不应纳入生态住宅的范畴。有关高层住宅的生态设计在建筑界存在一定的误区,这种迷惘已经对生态住宅设计的科学性、有序化形成了障碍。

城市高层住宅生态设计应处理好人、建筑和自然三者之间的协调关系,创造一个舒适、安全的住区,同时又能很好地保护周围的城市环境,使得住宅成为人与自然的界面,形成共生、节能、循环的协作体系。

5.8.1　住区和外部环境规划

高层住宅生态设计是城市整体环境的构成元素,应充分考虑城市环境景观效果,做到合理用地、精心选址,有效控制容积率和建筑密度,调整好住宅的高度,与周边环境取得良好的关系,有以下几项原则。

（1）构成良好的整体风环境

高层住宅之间的相对位置不但要克服冬季"恶性风流"的滋生,又要创造夏季良好的室外自然通风条件,生态设计应密切关注当地主导风向等气象资料。

（2）构成开敞的生态自然环境

利用绿地、水滨,尽量减少硬地,以绿化和流水作为微气候的降温介质,改善夏季炎热状况,做到住宅楼的视野开阔。

（3）构成可调节的植被体系

纠正"植草就是绿化"的片面理解,在基地内部住宅的南侧广植落叶树,夏季树叶茂盛起遮阳作用,冬季叶落枝疏,能将阳光引入室内,以适应冬寒夏热的气候条件,住宅北侧宜植常青树,以起冬季挡风或引导风流的作用。

5.8.2　住宅体形

高层生态住宅的体形构成与生态、节能和舒适紧密相关,生态住宅的体形要满足冬季能尽量多地受到太阳辐射,即南侧有较为宽广的立面,而北侧体形应使表面积减至最低程度;同时体形应做到对室外自然风环境有引导的功能。

住宅体形在城市整体环境中做到建筑与自然的协调共生,可以借助以下手法。

（1）开放空间

高层住宅底部或群体的设计中,形成开放空间,以架空、脱开等方式,给住区创造相对开敞的空间体系,有利于视野、风环境及人与自然接触界面的改善。

（2）掏空空间

高层住宅中部或相应位置处,采用立面掏空的设计方法,以改善住区小环境的自然通风条件,并可以在掏空空间内设置"空中花园",让居民能就近感受绿色和室外的清新空气。

除住宅体形之外,为生态设计考虑,其外部的色彩、质感应关注生态技术的热量释放和吸收问题,并充分尊重地区气候特点。为此,建筑师更应注意控制两项与体型—生态有关的指标:体形系数和窗墙比,以此来控制外墙面积和窗洞面积。

5.8.3　内部空间

生态住宅设计中最关键问题是住宅内部的空间组成和布局。对生态优化而言,住宅内部空间应具备适应所在地区气候条件的能力,以减少能量消耗和室内的不舒适性,生态设计应注意以下几点。

（1）建立一个通畅、直接的自然通风体系

住宅内部空间宜连续、顺畅,洞口位置、高度应充分考虑自然通风的效果,以提高自然通风的风压和热压的能力,确保每个居室的各个方位点有良好的通风。

（2）建立生态住宅的温度分区规则

温度分区就是对不同居室的不同温度要求进行组合,温度要求高的主要空间（卧室、客厅等）布置在受外界影响较小的位置,如住宅平面的东南角或南侧中部;温度要求低的空间（厕所、厨房等）布置在北侧或西北部,以此为主要空间形成抵御冬季寒风的"双层体系",在不增加投资的前提下,改善室内空间的温度稳定和舒适效果。

5.8.4　设计技术

高层生态住宅设计技术必须兼顾夏热、冬冷两个不同条件的制约,当今科学技术水平的提高为建筑技术对不同气候条件的适应性、可控性提供了可能。高层生态住宅设计技术涉及如下领域。

（1）住宅环境控制

主要是指建筑声学、光学、热学等问题,高层生态住宅尤应重视以上问题,以良好的隔声、防噪声能力,以充分的自然采光的应用,以高效的保温隔热效果来提升住宅的居住质量。

（2）绿色与环保型建筑材料

高层住宅受荷载、高度的影响,轻质、节能、性能好的外围护材料开发是十分重要的问题,以框—剪结构体系为主的高层住宅在新型墙体的应用方面,通过对绿色建材的开发和推广,对生态、环境的影响有相当意义。

（3）节能建筑技术的应用

通过太阳能热水器、被动式太阳能住宅基本原理（流环路式、直接受益式、蓄热墙式、附加日光间式等）的应用,挖掘高层住宅利用太阳能资源的可能和长处,对于太阳能应用而言,高层住宅将有更大的潜力。

（4）中水资源的再生和利用

对于一个高度发达的城市,水资源的匮乏将越益显现,高层住宅的夏季日用水量急剧提高,水资源的无分级使用,浪费巨大。高层住宅通过建筑体形、空间设计,在住宅顶部、中部设置中水贮存系统,收集雨水来灌溉草木,或通过水资源的分级使用,达到再生、节约的目的。

(5)住区废弃物的处理

高层住宅居民的高密集居住模式,其可观的废弃物处理将是生态技术一项必不可少的内容。废弃物处理技术主要涉及建筑废弃物的再生应用、生活废弃物的集中管理、污水废弃物的沼气利用,生态住宅设计在以上诸方面均有一定的工作可以做,这要求建筑师强化住宅的生态概念,从前期方案到后期的物业管理策划均有一个全面的生态考虑。

5.9　生态节能建筑实践

5.9.1　贵安新区清控人居科技示范楼

建设单位:清控人居建设集团

设计单位:SUP 素朴建筑工作室 ＋ 北京清华同衡规划设计研究院有限公司

竣工时间:2015 年 6 月

建筑总面积:701 m²

层数:地上 2 层

建筑总高度:13.8 m

清控人居科技示范楼位于贵安新区生态文明创新园内西南角,建筑集展陈和游客接待中心一体,采用多系统并行建造方式,建筑主体由木建筑系统、轻钢箱体系统、设备系统、外表皮系统这四部分构成。示范楼以被动式设计、可再生能源以及装配式建造技术为主要内容对建筑进行多系统(多系统并行建造、乡土文化与可持续技术的整合,以及应用 BIM 整合平台)整合设计,以实现对本土生态环境系统破坏的最小化,与对室内舒适度以及能源利用效率的最大化。

图 5-9-1　实景图

图 5-9-2　首总平面图

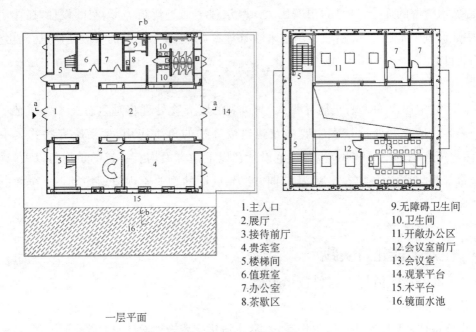

1.主入口
2.展厅
3.接待前厅
4.贵宾室
5.楼梯间
6.值班室
7.办公室
8.茶歇区

9.无障碍卫生间
10.卫生间
11.开敞办公区
12.会议室前厅
13.会议室
14.观景平台
15.木平台
16.镜面水池

一层平面

图 5-9-3　各层平面图

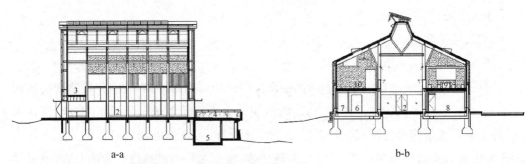

a-a　　　　　　　　　　　　　　　　　b-b

1.主入口　2.展厅　3.连桥　4.观景平台　5.设备间　6.茶歇区　7.无障碍卫生间　8.贵宾室　9.会议室　10.开敞办公区

图 5-9-4　剖面图

采用建筑节能与环境设计手法如下。

整体建筑由木建筑系统、轻钢箱体系统、设备系统、外表皮系统这四部分并行建造而成，以减少对场地的负面影响。其中，木建筑系统主要用于中央大空间的通高展示空间，轻钢箱体系统则作为南北的功能用房，其构件与节点均在工厂中完成预制并实现现场快速吊装，有效地节约整体建造时间与能源耗损。建筑的可持续设备系统（地道风管道系统、生物质锅炉系统、光伏光热能源系统、雨水收集系统以及智能控制监测系统等），则整合嵌装于建筑的双层表皮空腔之中，不仅便于对外展示并提高室内空间的灵活性，更能为后续实验平台中设备系统的增补、操作与检修提供空间与便利。模块化的双层表皮系统则整合了当地藤编工艺与工业预制技术从而实现快速装配，不仅使建筑高度体现贵州当地的风土特色，更在一定程度上刺激并带动了当地的传统工艺经济的发展。

示范楼采用了南北朝向的双坡屋面形式,将挺拔通高的展示中庭置于中央,相对封闭的功能房间置于两翼,并在屋顶处再局部拔高并设置通长的采光通风天窗,不但能加强建筑内风压与热压通风效果,同时为展厅提供了良好的自然采光,活跃中庭气氛。彩色的光线透过木屋架投射到两侧的展墙上,随着季节和时间进行光影变换,将外部自然环境的变化引入室内空间。

建筑外表皮系统由首层的双层通风玻璃幕墙以及二层的藤编双层表皮组成,不仅构建了建筑鲜明独特的外观形象,更属于典型的气候响应型设计。双层通风玻璃幕墙可根据外部环境昼夜性或者季节性的变化,通过对表皮通风口与开启扇的不同操作而达到预期的通风与热工性能表现。藤编双层表皮设计对贵州当地季节性太阳辐射与高频风压在各向立面上的作用效果进行软件模拟,进而开发疏密不同四种藤编纹样并在立面加以重组,继而将环境性能、外观形象、结构稳定性与材料耐久性整合一体。

示范楼还采用了地道风系统作为被动式的空气调节系统,从而有效利用自然冷热源为建筑在夏冬两季进行制冷与供暖,降低建筑能耗。其垂直送风管道集成于外表皮系统的空腔中并分散到各主要房间,提高其使用者的舒适度。

示范楼还大量应用诸如木材、钢材与秸秆板等可再生材料,并鼓励采用当地特有的乡土材料与工艺,例如将传统藤编工艺用于表皮系统,将青石材料用于室内地面铺设以及将毛石砌筑工艺用于室外围墙等,均可在建筑全生命周期中有效降低建筑的碳足迹,并创造一种独特的建筑本土表现力。

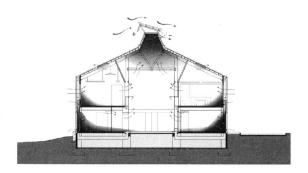

图 5-9-5　通风示意图

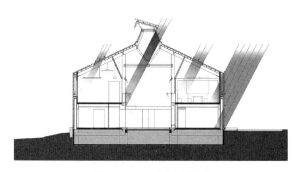

图 5-9-6　采光示意图

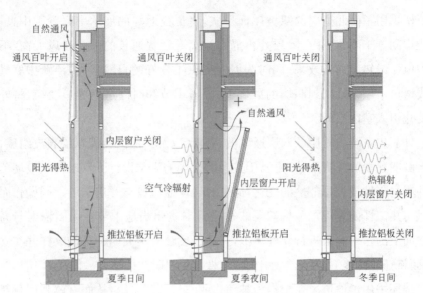

图 5-9-7　双层表皮示意图

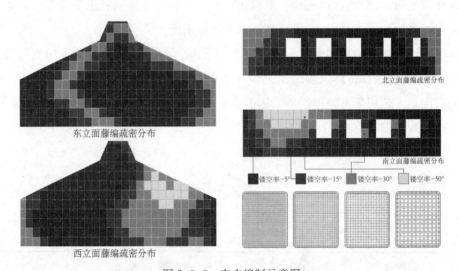

图 5-9-8　表皮编制示意图

5.9.2　甘肃会宁马岔村民活动中心

建设单位:无止桥慈善基金

设计单位:土上建筑工作室

竣工时间:2016 年 8 月

建筑总面积:648 m²

层数:局部 2 层

基地总面积:1 860 m²

马岔村位于甘肃省会宁县,地处偏远山区,交通不便。由于地处海拔 1 800～2 000 m 之间的干旱地区,属于黄土高原沟壑区,会宁县年降水量仅为 340 mm,村里日常饮用及灌溉用水极度匮乏。马岔村有着典型黄土高原的地貌特征,沟壑纵横,地貌基本分为山梁、山坡与谷底 3 部分。由于土资源极度丰富,当地的传统民居多以生土为主要建材。建造工艺基本为土砖砌筑、传统夯土、草泥,配以木结构屋架。

该中心是住建部现代夯土民居研究与示范项目中的一项重点内容,由无止桥慈善基金出资并组织当地村民与志愿者共同建造完成,功能包括多功能厅、商店、医务室和托儿所。除满足马岔村民日常公共生活服务需求外,该项目也是该地区推广现代生土建造技术的培训基地。中心的建设是以当地传统的施工组织模式进行的一次现代夯土建造实践。中心所处的甘肃省会宁县马岔村为干旱的黄土高原沟壑区,土资源极其丰富。建筑在空间组合方式上借鉴了当地民居传统的合院形式,并结合山地现状,将若干土房子设置于山坡上不同的标高,围合出一个三合院,开口面向山谷。几个土房子就像在地里生出的土块,自然地融入了当地的空间景观之中。

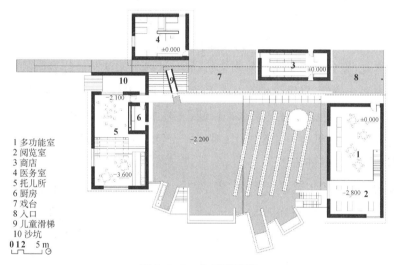

图 5-9-9　首层平面图

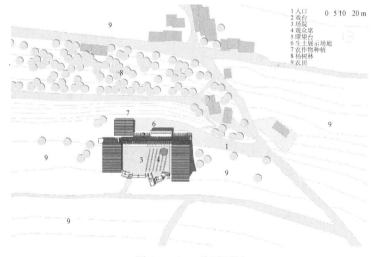

图 5-9-10　总平面图

图 5-9-11　建筑实景　　　　　　　　　　图 5-9-12　场院实景

采用的建筑节能与环境设计手法如下。

基于当地少雨、干旱、高寒的气候条件,活动中心进行了合理的建筑选址、外部环境设计和建筑形体设计(包括建筑体量和朝向),为获得舒适的室内环境创造条件;同时充分考虑雨水的回收利用,解决严重缺水的问题;基于当地丰富的太阳能、风能资源,尽可能地利用自然光,充分利用太阳辐射和自然通风,兼顾太阳能与风能发电的可能性。

充分考虑地方条件,尽量少地运用不可再生资源,以就地取材的方式最小化对当地环境的冲击。由于当地的经济发展水平较低,一方面要充分利用当地现有的技术和资源条件,强调简单易行的低造价建筑技术;另一方面要选用当地易得的建筑材料,就地或就近取材,因材致用,以降低造价。

对当地的传统建造工艺进行发掘、传承与运用,建筑师团队在当地的一系列实践中形成了一套基于本地材料和常规设备、适合于贫困农村地区的现代夯土建筑技术系统。引导当地村民学习、使用新的技术建造自己的房屋。在施工方式上,本着简单易行的原则,采用让当地村民一看就懂,一学就会的施工方法,尽量在兼顾施工质量的同时使流程规范化、简单化。

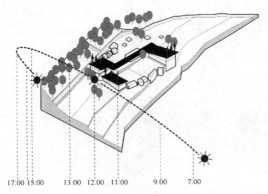

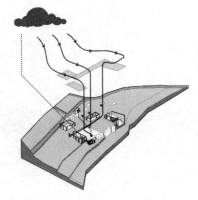

图 5-9-13　屋顶迎光面抬高,争取自然光　　　图 5-9-14　雨水回收系统,建筑用水自给自足

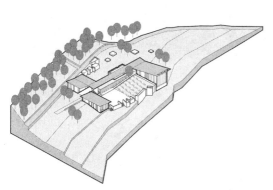

图 5-9-15　因势就地,结合山地布局

雨水收集利用　　生态旱厕　　风力发电

图 5-9-16　设计结合多种资源利用

5.9.3　龙湖超低能耗建筑主题馆

建设单位:龙湖地产和奥润顺达集团

设计单位:SUP 素朴建筑工作室

竣工时间:2017 年 8 月

建筑总面积:1 200 m²

层数:地上 2 层

超低能耗建筑主题馆位于河北高碑店列车新城,主要作用是作为一个平台向公众宣传和展示超低能耗技术。主题馆的设计严格遵照德国被动房中心(PHI)的认证标准,对建筑设计、部品选用、建造过程都有严格的设计评估、校核验算和现场检测流程。设计师认为整体思维是可持续设计的基本,试图将被动房的设计原理与建筑师诗意的空间理想结合,同时在现有可选的建造体系和部品产业的制造体系中达到被动房中心的认证标准。在严苛的能耗标准下,建筑的体型系数、保温厚度、开窗面积和门窗气密性都受到相应的约束和限制。最终本项目获得了德国被动房研究院(Passive House Institute)的设计和建成的认证,成为亚洲区第一个获得 PHI 被动房认证的展陈建筑。

图 5-9-17　实景鸟瞰图

建筑环境控制学

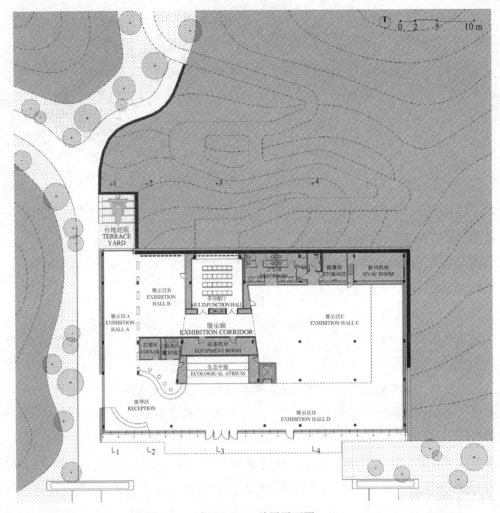

图 5-9-18　首层平面图

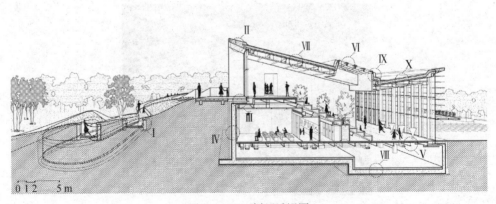

图 5-9-19　剖面透视图

184

采用的建筑节能与环境设计手法如下。

考虑到被动房对供暖能耗的限制和对保温的要求,结合地景设计的理念,将建筑北侧压低到景观土坡里,与场地改造后的微地形连为一体,而南侧则利用全玻璃幕墙在冬季最大可能的搜集太阳的辐射热,实现了借助覆土的北侧保温和减少外墙散热,同时也减少了采暖空间体积。

由于德国被动房标准对建筑冷桥的总量有着严苛的限制,而附着在建筑保温层以外的装饰表皮做法,通常会在安装固定过程中带来大量的冷桥,为了避免因装饰而产生的构造冷桥,建筑师没有使用建筑表皮的常用肌理,仅仅借助建筑的形体来表达设计。同时还得谨慎而节制,避免因夸张的造型带来散热面积、空间容量、外形冷桥等更不利的浪费。

在形体单纯的前提下,希望让人在建筑中体验到有趣的,还是园林式的步移景异,和内外空间的渗透与借景。设计之初,为有更灵活的布展自由度,故将展陈空间集中设置,建筑的整体的功能空间按照入口接待区、中庭区、集中展陈区,自西向东一字排开。整体参观流线由此形成从中部进入后,自西南角序厅开始,经西北角展厅后往东,顺时针蛇形流线。每一次路径的转折,都对着一处小景,引人靠近。西南角的观景窗的设定,将观众从入口引至序厅。西北侧的雨水花园则是若干对景处理中代表性的一例,让西北角埋于土坡内的展厅,视线上稍微放松透气;顺带引入了屋面和土坡局部的雨水径流,灌溉层层台地后引入小院。

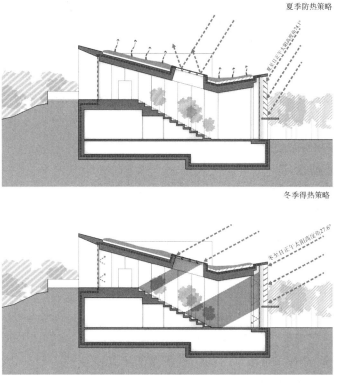

图 5-9-20　采光示意图

冬、夏季通风策略

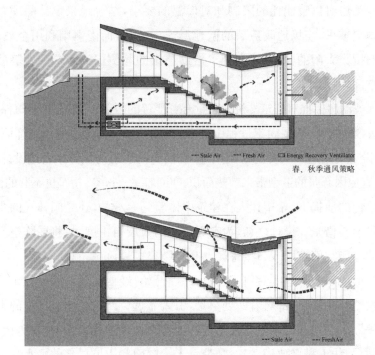

春、秋季通风策略

图 5-9-21　通风示意图

　　建筑内部的空间设计也最大程度的契合了可持续的基本原理,南高北低的体型,既提供了合理分区的前提,也减小了整个展厅的体积;南侧的整体玻璃幕墙,冬季可最大程度利用太阳得热,夏季再借助联动百叶防热;中庭顶部的天窗,白天引入阳光,夜间通风散热,成为昼夜平衡的调蓄口;新风系统也借助了室内空间形态,由北侧走廊和中庭台阶侧面等低处送新风,联动百叶防热在使用过程中逐渐升温,最终从室内南侧最高处回风,利用基本的热压原理,形成室内风环境的组织。

5.9.4　彭博社欧洲新总部大楼

　　建设单位:彭博社(Bloomberg)

　　设计单位:福斯特建筑事务所(Foster + Partners)

　　竣工时间:2017 年

　　建筑总面积:107 297 m²

　　层数:地上 10 层,地下 3 层

　　建筑总高度:40 m

　　彭博社欧洲新总部大楼位于伦敦英格兰银行和圣保罗大教堂之间,呼应了其所在的历史语境,同时显出与众不同的场所感与时间性。包含两座建筑的大楼占据了整个街区,中间由一座廊桥相连,廊桥下方的人行道激活了其所在的古罗马式街道。周边的三个公共广场分别位于拱廊街的两端以及大楼主入口的前方,为方圆 1 英里的范围带来全新的城市空间。该建筑作为可持续发展的建筑范例,获得了英国 BREEAM 评价体系的杰出评级(Excellent)。

图 5-9-22 鸟瞰实景图

图 5-9-23 首层平面图

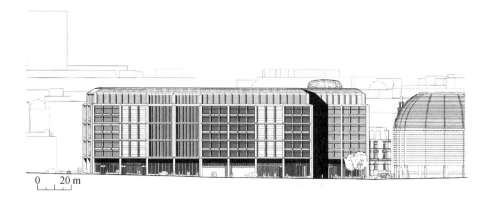

图 5-9-24 南立面图

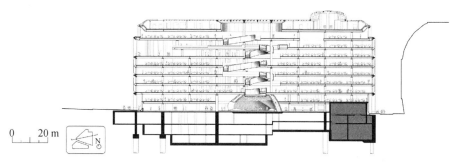

图 5-9-25 剖面图

采用建筑节能与环境设计手法如下。

建筑的高度保证了圣保罗教堂的主要视野不受遮挡,同时显示出了对附近历史建筑的充分尊重。以砂岩打造的结构框架定义出鲜明的立面,一系列巨大的古铜色"扇片"为通高的玻璃墙带来荫蔽,同时与旁边的法院大楼形成呼应。扇片的大小、倾斜度和密度依据朝向和日光照射的不同而产生变化,在为建筑带来视觉层次和韵律的同时,还构成了自然通风系统的一部分。

一条螺旋阶梯坡道连接起了建筑的每一层空间,并被设计成了一个连接和会面的场所,从而缩短了每一个员工之间的距离,便于更高效的交流。此外,坡道外形呈优雅连续的环状,也为空间增加了几分戏剧性。

设计尽可能地把核心筒推到建筑边缘,以使楼层更为开阔;并在其中设置了一条螺旋坡道,作为建筑的核心,将工作人员带到了一起。总的来说,建筑内外的一切设计都是围绕社区和合作进行的。团队合作理念同样体现在了办公桌系统和每层楼的平面布局上。定制的半圆形办公桌高度适宜,形成了最多容纳六个人的工作荚,为个人或小组提供了私密而又舒适的工作环境。

高速的全玻璃电梯可将行人直接送至六层,这种隐藏的机械设备也是为大楼专门打造的革新式设计。

天花是建筑中另一个独特的创新元素,其设计灵感来自纽约的冲压金属板天花。打磨过的铝板形成一片片"花瓣",既组成了天花的完成面,又起到了光反射板、制冷、吸声等多种作用,将普通的办公室天花中需要的不同元素整合成了一个整体节能系统。

图 5-9-26　螺旋阶梯

图 5-9-27　节能天花

5.9.5　House Zero 零能耗实验室

建设单位:哈佛绿色建筑和城市研究中心

设计单位:斯诺赫塔建筑事务所(Snøhetta)

竣工时间:2020 年

层数:地上 3 层,地下 1 层

哈佛绿色建筑和城市研究中心(CGBC)推出了首个零能耗建筑实验室 House Zero,为日后的技术发展提供了建筑原型。该建筑改造自一座建于 20 世纪 40 年代前的建筑,建筑师们希望将它打造为一个意义重大的生活实验室和节能建筑的正面原型。House Zero 的设计从一开始就有宏大的目标,其中包括了近零能耗的供暖和制冷系统、日间零人工照明、百分之百的自然通风,以及零碳排放等。建筑的翻修和后期运营皆是耗能的过程,因此该建筑旨在其使用期限内,使产出能量远超于消耗能量,实现其零能耗建筑的目标。

图 5-9-28　实景图

1. 地下室入口
2. 光伏电池储存室
3. 技术设备储藏室
4. 卫生间
5. 电梯机房
6. 电梯
7. 小厨房
8. 地下室大厅
9. 大型会议室
10. 太阳能烟囱
11. 采光井
12. 门廊和坡道

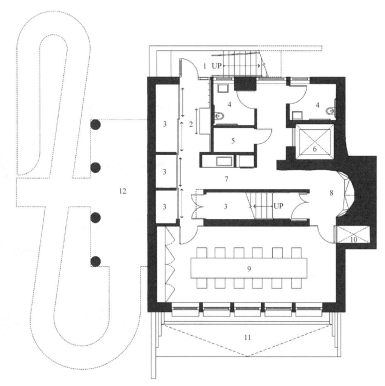

图 5-9-29　首层平面图

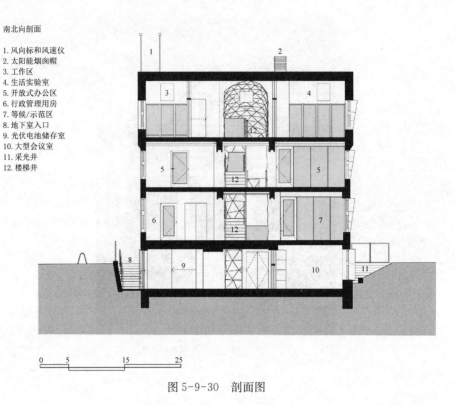

南北向剖面

1. 风向标和风速仪
2. 太阳能烟囱帽
3. 工作区
4. 生活实验室
5. 开放式办公区
6. 行政管理用房
7. 等候/示范区
8. 地下室入口
9. 光伏电池储存室
10. 大型会议室
11. 采光井
12. 楼梯井

0　5　　　15　　　25

图 5-9-30　剖面图

穿过主入口的东西向剖面

1. 休息室
2. 走廊
3. 风向标和风速仪
4. 天窗
5. 开放式办公区
6. 隔声室
7. 主楼梯
8. 入口楼梯
9. 门廊
10. 主入口大厅
11. 技术设备储藏室
12. 地下室大厅

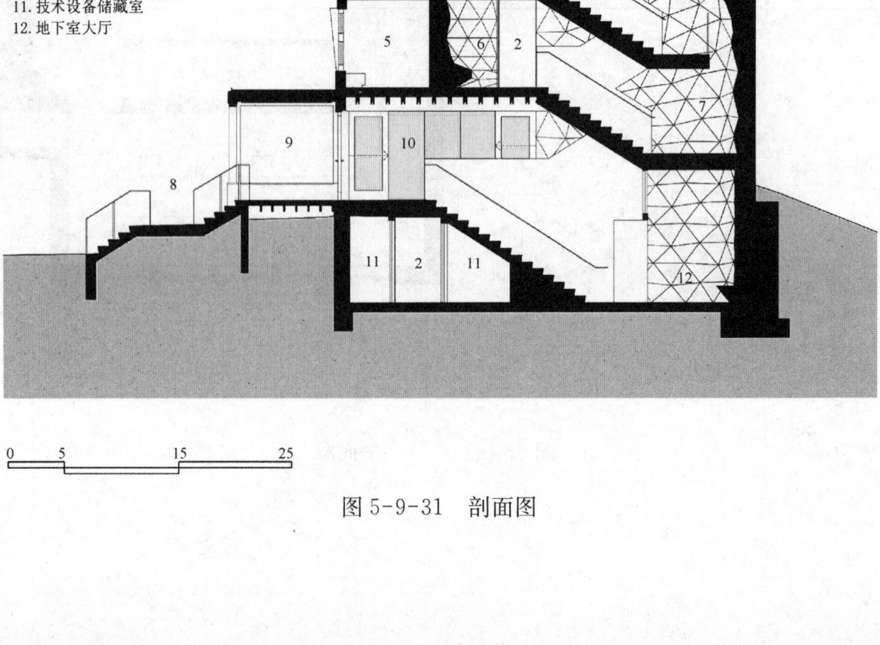

0　5　　　15　　　25

图 5-9-31　剖面图

House Zero 不仅是工作室,更是一个研究工具。其内部先进的数字化设施使用了前沿研究成果,旨在改变建筑的设计和运行模式。建筑所有构件内都嵌入了数百个传感器,传感器将数百万的信息数据传输回去,以供 CGBC 持续监测其建筑性能。这些数据还将为哈佛大学的研究人员提供一个前所未有的、研究复杂的建筑行为的机会。反过来,这些数据将推动计算机模拟实验,帮助 CGBC 开发新系统和数据驱动的学习算法,从而提升建筑的能源效率、健康安全和可持续性。

建筑师和研究人员将通过 House Zero 项目,来探讨如何重新从根本上定义建筑,使其不仅能够与周边环境联系,更能利用自然环境来打造一个高效健康的内部空间环境。House Zero 的建筑表皮和材料通过一个更加自然的方式与季节和室外环境相结合,而不是一个简单的"密封的盒子体量"。此外,该建筑会不断调整其自身形态,有时甚至每分每秒都在改变,以达到住户需求的热舒适度。通过这个生活实验室,研究中心的工作人员将享受到可控的舒适环境。随着时间的推移,通过在世界范围内的新建建筑项目和建筑改造项目中广泛使用以 House Zero 为原型的建筑模式,建筑行业对环境的影响将有可能大大降低。

采用的建筑节能与环境设计手法如下。

通风系统由一个窗户驱动系统控制,通过采用精细复杂的软件和传感器来控制窗户的自动开合,从而确保内部空间全年都享有一个高质量的生活环境。此外,住户也可以人为控制窗户的开合,以便于确保个人的舒适感。

窗户材料保护建筑室内在夏季免受太阳直射,减少室内制冷所需能量,冬季将阳光引入室内空间,减少季节性的能源需求。

太阳能通风口促进室内和地下室活动空间的通风,还有助于为再生砖的整体热元件进行充电和将阳光引入进楼梯间。

开放式的平面和浅色的室内材料更加突出了空间的开放感。

使用具有高性能的当地材料,保持空气的质量和均衡的室内气候环境。

每个空间在白天都最大限度地利用太阳光,不使用人工照明。

所有的房间都设有声学阻尼,降低了噪声透射率,使对话更加清晰。

图 5-9-32 室内空间

图 5-9-33 降噪楼梯

5.9.6　阿布扎比卢浮宫

建设单位:阿布扎比旅游与文化局

设计单位:让·努维尔建筑事务所

竣工时间:2017 年

建筑总面积:97 000 m^2

层数:地上 4 层,地下 1 层

建筑总高度:40 m

阿布扎比卢浮宫位于波斯湾海岸边,设计师通过对场地语境的考量,将其打造成了一座海洋中的"博物馆之城"。这座"城市"共计有 55 栋独立建筑,这一系列鲜明的白色体量源于麦地那及阿拉伯地势低洼的房屋意向,其中包含了 23 间画廊。建筑群的立面由 3 900 块高性能纤维混凝土(UHPC)构成,是典型的技术与文化结合的典范。阿布扎比卢浮宫获得了 LEED 银级认证,同时得到了阿联酋绿色建筑条例的三星等级。

直径达 180 m 的巨大圆形穹顶覆盖了博物馆之城的主体,从海洋、附近区域乃至阿布扎比都可以清楚地看到,这座穹顶包含 8 层结构:4 个不锈钢外层,以及 4 个铝制内层,并由 5 m 高的钢架进行划分。钢架由 10 000 个结构部件构成,预先装配在 85 个超大尺寸的结构当中,每个结构重量可达 50 t。穹顶上的图案在八个重叠的层面上以多种尺寸和角度重复排布,使射入的每一束光线都必先经过八个层次的过滤,然后逐渐淡出。随着日照路径的变化,穹顶最终呈现出一种梦幻的效果。而夜里,穹顶的图案将形成 7 850 颗星星,将室内与室外同时点亮。整个穹顶只用了 4 座墩柱进行支撑,每座的间隔为 110 m。这些墩柱被隐藏在建筑内部,从而使穹顶呈现出漂浮的感觉。

图 5-9-34　总平面图

图 5-9-35　局部平面图

采用的建筑节能与环境设计手法如下。

墙面上能够环视周围风景的窗户加上屋顶的天窗,共同使被过滤的自然光充斥着所有的画廊。玻璃镜片的使用将光线捕捉并导向画廊内部,并通过散射避免了刺眼的眩

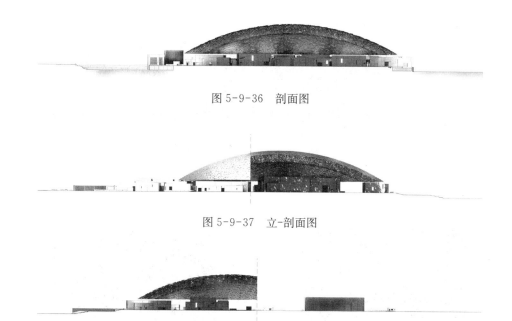

图 5-9-36　剖面图

图 5-9-37　立-剖面图

图 5-9-38　剖-断面图

光。画廊内共有 17 座玻璃屋顶,每座皆是由 18 种不同的玻璃板构成,共计使用了 25 000 块独立的玻璃板材。玻璃天花板使自然光和人造光融为一体,为展出的艺术品带来最为理想的照明系统。

为了满足画廊内部严苛的环境调控需求,设计团队开发出了一套系统,使室温维持在 21℃(上下浮动不超过 1℃),同时湿度的变化范围不超过 5%,从而为艺术品和参观者提供了极为稳定的环境条件。火警探测与抑制系统也经过了精确计算,使艺术品免于受到损害。

设计师基于建筑的自然形态和材料的固有性能,采用被动式的设计手法成功地减少了 42% 的阳光辐射、27.2% 的能源消耗以及 27% 的用水量。

防水系统方面,最初施工基于挖方抽水得以建设,建设完成后水泵停止工作,设置在博物馆四周的水池被灌满海水,博物馆重新漂浮于海面之上。博物馆设计还考虑了海洋极端气候的威胁,设置了多处防波堤,以保护建筑和广场不被风暴袭击。

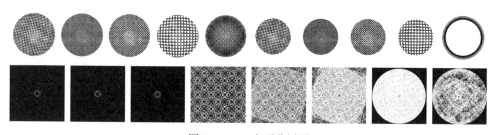

图 5-9-39　穹顶分层图

图 5-9-40　穹顶结构图

图 5-9-41　穹顶空间

图 5-9-42　穹顶空间

参考文献

［1］ BANHAM R. The architecture of well-tempered environment［M］. London：The Architecture Press/Chicago：The University of Chicago Press，1969.

［2］ MOE K. Insulating modernism：isolated and non-isolated thermodynamics in architecture［M］. Basel：Birkhäuser，2014.

［3］ MOE K. Insulating North America［J］. Construction History，2012，27：87-106.

［4］ 索克莱. 太阳能与建筑［M］. 陈成木，等，译. 北京：中国建筑工业出版社，1980.

［5］ 林宪德. 建筑节约能源优良设计作品专辑［M］. 台北：中国台湾建筑研究所，2003.

［6］ 渠箴亮. 被动式太阳房建筑设计［M］. 北京：中国建筑工业出版社，1987.

［7］ 中国建筑业协会建筑节能专业委员会，北京市建筑节能与墙体材料革新办公室. 建筑节能：怎么办？［M］. 北京：中国计划出版社，2002.

［8］ 山田雅士. 建筑绝热［M］. 景桂琴，译. 北京：中国建筑工业出版社，1987.

［9］ 陈如桂. 泛亚热带地区建筑设计与技术［M］. 广州：华南理工大学出版社，2001.

［10］ 刘加平. 城市环境物理［M］. 西安：西安交通大学出版社，2011.

［11］ 林其标. 建筑防热［M］. 广州：广东科技出版社，1997.

［12］ 王锦堂. 建筑应用物理学［M］. 台北：台隆书店，1984.

［13］ 林宪德. 建筑风土与节能设计［M］. 台北：詹氏书局，1984.

［14］ 胡绍学. 住区［M］. 北京：中国建筑工业出版社，2001(2).

［15］ 庄涛声. 建筑的节能［M］. 上海：同济大学出版社，1990.

［16］ 今井舆藏. 图解：建筑物理学概论［M］. 吴启哲，译. 台北：胡氏图书出版社，1994.

［17］ 魏润柏，徐文华. 热环境［M］. 上海：同济大学出版社，1994.

［18］ 西安建筑科技大学绿色研究中心. 绿色建筑［M］. 北京：中国计划出版社，1990.

［19］ 霍克斯. 建筑的想象［M］. 北京：北京大学出版社，2020.

［20］ 李麟学. 热力学建筑原型［M］. 上海：同济大学出版社，2019.

［21］ 季杰. 太阳能光伏光热综合利用研究［M］. 北京：科学出版社，2017.

［22］ 宋德萱，赵秀玲. 节能建筑设计与技术［M］. 北京：中国建筑工业出版社，2019.

［23］ 林宪德. 绿色建筑［M］. 北京：中国建筑工业出版社，2007.

［24］ FANGER P O. Thermal comfort［M］. Copenhagen：Danish Technical Press，1970.

［25］ HAWKES D，MCDONALD J，STEEMERS K. The selective environment［M］. London：Spon Press，1973.

［26］ ABALOS I. Essays on thermodynamics, architecture and beauty［M］. Barcelona：ACTAR，1980.

[27] 刘大龙,刘加平,何泉,等.银川典型季节传统民居热环境测试研究[J].西安建筑科技大学学报(自然科学版),2010(1):83-86.

[28] 何文芳,杨柳,刘加平,等.秦岭山地生土民居气候适应性再生研究[J].建筑学报,2009(S2):24-26.

[29] 翟亮亮,胡冗冗,刘大龙,等.西北荒漠区新旧民居建筑热环境分析[J].建筑科学,2010(6):44-49.

[30] 高翔翔,胡冗冗,刘加平,等.北方炕民居冬季室内热环境研究[J].建筑科学,2010(2):37-40.

[31] 刘大龙,刘加平,杨柳,等.气候变化下建筑能耗模拟气象数据研究[J].土木建筑与环境工程,2012(2):110-114.

[32] 林波荣,谭刚,王鹏,等.皖南民居夏季热环境实测分析[J].清华大学学报(自然科学版),2002(8):1071-1074.

[33] 宋凌,林波荣,朱颖心.安徽传统民居夏季室内热环境模拟[J].清华大学学报(自然科学版),2003(6):826-828+843.

[34] 张乾,李晓峰.鄂东南传统民居的气候适应性研究[J].新建筑,2006(1):26-30.

[35] 宗和双.香格里拉民居热环境研究[D].昆明:昆明理工大学,2007.

[36] 袁炯炯,冉茂宇.土楼民居的室内热环境测试[J].华侨大学学报(自然科学版),2008(1):91-93.

[37] 宋冰,杨柳,刘大龙,等.西递徽州民居冬季室内热环境测试研究[J].建筑技术,2014(11):1033-1036.

[38] 刘盛,黄春华.湘西传统民居热环境分析及节能改造研究[J].建筑科学,2016(6):27-32+38.

[39] LAI J H K, YIK F W H. Perception of importance and performance of the indoor environmental quality of high-rise residential buildings[J]. Building & Environment, 2009, 44(2): 352-360.

[40] XUE P, MAK C M, AI Z T. A structured approach to overall environmental satisfaction in high-rise residential buildings[J]. Energy & Buildings, 2016, 116: 181-189.

[41] 李坤明.湿热地区城市居住区热环境舒适性评价及其优化设计研究[D].广州:华南理工大学,2017.

[42] 晋美俊.城市居住区室外热声环境影响因素及改善措施研究[D].太原:太原理工大学,2016.

[43] WONG L T, MUI K W, HUI P S. A multivariate-logistic model for acceptance of indoor environmental quality (IEQ) in offices[J]. Building & Environment,2008(1):1-6.

[44] CAO B, OUYANG Q, ZHU Y, et al. Development of a multivariate regression model for overall satisfaction in public buildings based on field studies in Beijing and Shanghai[J]. Building & Environment, 2012, 47(47):394-399.

[45] HUANG L, ZHU Y, OUYANG Q, et al. A study on the effects of thermal, luminous, and acoustic environments on indoor environmental comfort in offices[J]. Building & Environment, 2012, 49: 304-309.

[46] NEWSHAM G R. Effects of office environment on employee satisfaction: a new analysis[J]. Building Research & Information, 2016, 44(1): 34-50.

[47] 韩冬青,顾震弘,吴国栋.以空间形态为核心的公共建筑气候适应性设计方法研究[J].建筑学报,2019(4):78-84.

[48] 吴国栋,韩冬青. 公共建筑空间设计中自然通风的风热协同效应及运用[J]. 建筑学报,2020(9)：67-72.

[49] 徐礼颉. 多功能太阳能蓄热墙体的季节性性能研究[D]. 北京：中国科学技术大学,2020.

[50] 林媛. 不同结构 PV-Trombe 墙系统性能的理论与实验研究[D]. 北京：中国科学技术大学,2019.

[51] 陈秋瑜,杨思燕,刘小虎,等. 建筑环境视野下微生物研究现状浅析[J]. 西部人居环境学刊,2019,34.

[52] 陈一溥,郑伯红. 长株潭城市群人为热排放对城市热环境影响研究[J]. 长江流域资源与环境,2021(7)：1625-1637.

[53] 冯倍嘉,王伟文,黄志炯,等. 珠三角地区人为热排放演变趋势及不确定性分析[J]. 环境科学学报,2021(6)：2291-2301.

[54] 葛荣凤,张力小,王京丽,等. 城市热岛效应的多尺度变化特征及其周期分析——以北京市为例[J]. 北京师范大学学报(自然科学版),2016(2)：210-215.

[55] 季崇萍,刘伟东,轩春怡. 北京城市化进程对城市热岛的影响研究[J]. 地球物理学报,2006(1)：69-77.

[56] 刘大龙,马岚,刘加平. 城市下垫面对夏季微气候影响的测试研究[J]. 西安建筑科技大学学报(自然科学版),2020(1)：107-112.

[57] 李膨利,SIDDIQUE M A,樊柏青,等. 下垫面覆盖类型变化对城市热岛的影响——以北京市朝阳区为例[J]. 北京林业大学学报,2020(3)：99-109.

[58] 陈璇,单晓冉,石兆基,等. 1998—2018 年我国酸雨的时空变化及其原因分析(英文)[J]. Journal of Resources and Ecology,2021(5)：593-599.

[59] SINHA,KUMAR R. Modern plant physiology[M]. Boca Raton：CRC Press,2004.

[60] 杜海龙,李迅,李冰. 中外典型绿色生态城区评价标准系统化比较研究[J]. 城市发展研究,2020(11)：57-65.

[61] 张凯. 德国建筑可持续评价 DGNB 体系[J]. 动感：生态城市与绿色建筑,2015(1)：42-45.

[62] 尚哲函. 德国 DGNB 认证体系的建筑生命周期评估(LCA)方法简介及国内项目案例分析[J]. 绿色建筑,2017(4)：29-32.

[63] 王大伟,王日旺,张凯. DGNB 中建筑能耗环境效益的全生命周期评估方法研究[J]. 华中建筑,2017(1)：25-29.

[64] 江亿,秦佑国,朱颖心. 绿色奥运建筑评估体系研究[J]. 中国住宅设施,2004(5)：9-14.

[65] 住房和城乡建设部关于印发建筑节能与绿色建筑发展"十三五"规划的通知[EB/OL]. (2017-03-01). http://www.mohurd.gov.cn/wjfb/201703/t20170314_230978.html.

[66] 郭夏清. 建设"以人为本"的高质量绿色建筑——浅析国家《绿色建筑评价标准》2019 版的修订[J]. 建筑节能,2020(5)：128-132.

[67] SCHUMACHER E F. Small is beautiful[M]. New York：Harper Perennial,1989.

[68] WELLS M. Gentle Architecture[M]. New York：McGraw-Hill Companies,1991.

[69] DANIELS K. The Technology of Ecological Building[M]. Princeton：Princeton Architectural Press,1997.

[70] 森佩尔.建筑四要素[M].罗德胤,赵雯雯,包志禹,译.北京:中国建筑工业出版社,2010.

[71] 宋德萱,卜梅梅,周伊利.基于模糊综合评价法的城市老旧住区环境生态性能研究——以上海 3 个住区为例[J].建筑科学,2021(4):41-52.

[72] 周伊利,宋德萱.市住区生态修复策略研究——以曹杨新村为例[J].住宅科技,2011(8):15-22.

[73] 穆钧.生土营建传统的发掘、更新与传承[J].建筑学报,2016(4):1-7.